艺术设计
ARTDESIGN

高等院校艺术学门类『十三五』规划教材

计算机图形表现设计基础

JISUANJI TUXING BIAOXIAN SHEJI JICHU

主 编 李微 崔岩 刘哲 李海兵 姜福吉

副主编 毛春义 沈祥胜 罗彬 周少华 薛瑰一

王明 彭泽

华中科技大学出版社
http://www.hustp.com
中国·武汉

内 容 简 介

  本书包含 Photoshop 和 CorelDRAW 两大内容。Photoshop 包含常规图片处理、图形制作、肌理表现、面料的四方连续组合等方面的内容。通过图形元素的制作来掌握 CorelDRAW 的操作和应用。本书基础部分介绍了像素原理和工具的综合运用,并通过作图练习来掌握程序的应用技巧。

  肌理是现代图形设计中常用的一种表现语言。本书通过滤镜功能对肌理表现进行详细的讲解和示范。这为平面设计和纤维艺术设计等专业提供了形式表现的思路。在计算机设计应用以前,面料的四方连续拼接完全靠手工绘制,费时费力,且精确度难以保证。计算机图形软件的诞生解决了这个难题。因此,面料的拼接适合用计算机来完成。完成这个操作要先掌握软件的基础知识,然后循序渐进地完成设计任务。

  本书步骤讲解详细,便于学习。有关"通道"、"蒙版"的理论浓缩了软件的精华。"学习综述"里介绍了素材收集与摄影的知识。素材的收集大多与摄影有关。摄影知识是美术工作者应该掌握的,很多需要编辑的图片都来源于摄影。

图书在版编目(CIP)数据

计算机图形表现设计基础 / 李微等主编. —武汉:华中科技大学出版社,2017.7
高等院校艺术学门类"十三五"规划教材
ISBN 978-7-5680-2655-0

Ⅰ.①计… Ⅱ.①李… Ⅲ.①计算机图形学–高等学校–教材 Ⅳ.①TP391.411

中国版本图书馆 CIP 数据核字(2017)第 061586 号

计算机图形表现设计基础   李微   崔岩   刘哲   李海兵   姜福吉   主编
Jisuanji Tuxing Biaoxian Sheji Jichu

策划编辑:彭中军
责任编辑:彭中军
封面设计:孢 子
责任校对:曾 婷
责任监印:朱 玢
出版发行:华中科技大学出版社(中国·武汉)   电话:(027)81321913
     武汉市东湖高新技术开发区华工科技园   邮编:430223
录   排:匠心文化
印   刷:湖北新华印务有限公司
开   本:880 mm × 1230 mm   1 / 16
印   张:11
字   数:343 千字
版   次:2017 年 7 月第 1 版第 1 次印刷
定   价:65.00 元

前言

本书包含 Photoshop 和 CorelDRAW 两个方面内容。Photoshop 和 CorelDRAW 的版本在不断提高。早期版本的常规操作已经很完善了，后续的版本增加了一些操作命令。其增加的内容大部分是对原来程序的补充或简化。较复杂的图形，仍需运用较基础的程序综合操作完成，比如主体和复杂背景的分离。通道和选区仍是一种有效的处理手段。无论是哪个版本，只要基础扎实，灵活运用，终会学以致用。

学习本书的学习时间可控制在 60～80 课时。书中含有部分课外阅读章节，可灵活安排。

限于课时，没有将软件所有的命令全部介绍，但对基本的图形制作已经够用了。读者如有更高的需求可购买相关资料深入学习。

本书所用图片素材可扫下面二维码获取。

编　者

2017 年 6 月

目录

JISUANJI TUXING BIAOXIAN SHEJI JICHU

实　　例

图 0.1　　　　　　　　图 0.2

第 2 章　工具应用基础

桌面与圆柱体、简易像框

通过选区和"变换"等命令制作场景物体，不需太好的绘画基础，仅靠程序便可完成，如图 0.1 和图 0.2 所示。

图 0.3　　　　　　　　图 0.4

第 3 章　图像菜单编辑

图片强化

图片的修饰是一项经常性的工作。

运用"图像"\"调整"菜单配合图层的混合模式将拍摄不理想的照片美化，如图 0.3 和图 0.4 所示。

图 0.5　　　　　　　　图 0.6

给服装添加图案

运用图层的混合模式给净色面料添加图案，其效果既体现了图案的色彩，又保持了原服装的结构和层次，充分展示了图层混合模式的编辑魅力，如图 0.5 和图 0.6 所示。

图 0.7　　　　　　　　图 0.8

人物皮肤修饰

人像调整、修饰是一项常用的操作，尤其适合女性的照片。在网上称为"磨皮"。这里运用常规的程序来完成肤色的修饰，如图 0.7 和 0.8 所示。

图 0.9　　　　　　　　　图 0.10

第 4 章　综合应用练习

让婚纱透明

　　将普通的婚纱照通过"通道"和"蒙版"的功能使其变透明且保留透明深浅的层次，还可添加适宜的背景图片，如图 0.9 和图 0.10 所示。

图 0.11　　　　　　　　　图 0.12

通道提取头发

　　这是稍有难度的操作。将人物和背景分离开来，再添加合适的背景图片，分离出来的人物通过"通道"和"蒙版"的处理仍保留着较完整的发丝，如图 0.11 所示。

描边创意

　　利用基本的描边程序，配合选区制作纸张被烧破了的形象。此练习将进一步完善对工具和程序的灵活运用，如图 0.12 所示。

图 0.13　　　　　　　　　图 0.14

仿油画效果

　　这是"4.7 工具应用综述（课外阅读）"里的内容，主要是为完善工具的应用而补充的练习，如图 0.13 和图 0.14 所示。

图 0.15　　　　　　　　　图 0.16

第 6 章　滤镜与设计表现

仿肌理墙纸

　　将普通的小花面料运用滤镜程序转变为有凸点肌理的墙纸效果，如图 0.15 和图 0.16 所示。

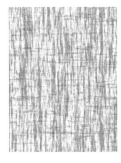

图 0.17　　　　　　　　　　图 0.18

仿亚麻印花

　　运用滤镜的综合功能设计有亚麻质感的印花图形，如图 0.17 所示。

制作雨景

　　亚麻的肌理稍作改变可以制作雨景效果，如图 0.18 所示。

图 0.19　　　　　　　　　　图 0.20

制作草地

　　亚麻的肌理稍作改变便可以制作出草地的效果。其目的是让一种滤镜的功能提升，从而具有多种应用价值，如图 0.19 所示。

仿珊瑚肌理制作

　　综合滤镜表现，如图 0.20 所示。

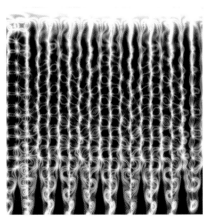

图 0.21　　　　　　　　　　图 0.22

　　仿纤维艺术壁挂 1 如图 0.21 所示。

　　仿纤维艺术壁挂 2 如图 0.22 所示。

图 0.23　　　　　　　　　　图 0.24

　　滤镜肌理表现 1 如图 0.23 所示。

　　滤镜肌理表现 2 如图 0.24 所示。

图 0.25   图 0.26

滤镜仿花纹玻璃效果如图 0.25 所示。

滤镜肌理表现 3 如图 0.26 所示。

图 0.27

第 7 章　矢量图形基础

图形元素制作与适合纹样如图 0.27 所示。

图 0.28   图 0.29

第 8 章　四方连续组合

面料的四方连续拼接

这是面料设计必须掌握的一门技术。例图 0.28 为一组单位纹样，通过这组单位纹样完成图 0.29 的面料四方连续设计。

第 1 章

图形软件的基础概念

TUXING RUANJIAN DE JICHU GAINIAN

课时：4课时。

目的：熟悉图像编辑软件界面的概念，了解菜单栏、工具栏、工具辅助栏、面板栏的作用和功能。

重点：像素原理、图层。

Photoshop CS 界面

Photoshop CS 界面和很多图形软件的界面功能区域大致相同，分菜单栏、工具栏、工具辅助栏、面板栏四大块，如图 1.1.1 所示。作图时，这四大块常常结合使用。下面通过实际操作来了解这些概念。

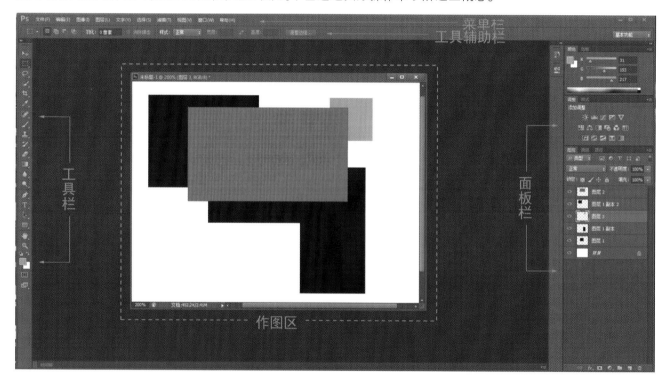

图 1.1.1

作图时，面板栏内的各项面板可以根据作图的需要放置。

图 1.1.2（a）：每个面板的右上方有一个"×"符号，单击这个符号便可关闭该面板。

图 1.1.2（b）：需要某个面板时，可单击菜单栏里"窗口"命令，在下拉菜单里将所需的面板名称勾选，如"历史记录"面板，勾选后便出现图 1.1.2（c）所示的历史记录面板。

Photoshop 的版本已更新多次，从 5.0 版本开始界面改为深色。后期的版本和前期的版本除了增加一些功能外，在某些命令符上会有位置的变化和名称上的少许变化，但其重要的基本功能没有多大变化。考虑到读者的软件版本也许不尽相同，因此本书将老版本和新版本综合在一起介绍，以方便使用不同版本的读者学习。

这里先了解一下新建纸张的概念。

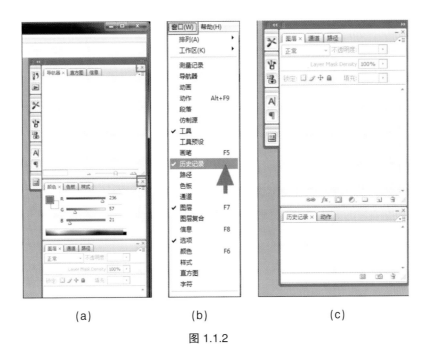

(a)   (b)   (c)

图 1.1.2

图 1.1.3：单击菜单栏里的"文件"\"新建"命令。

图 1.1.4：在出现的"新建"对话框中，"宽度"和"高度"代表纸张的宽和高。这个宽和高一栏的右边有单位选项，单击单位选项旁边的下三角按钮便可选择所需的单位。

图 1.1.3

图 1.1.5：选择"厘米"作为单位，纸张尺寸选择 A4，即 21 厘米×29.7 厘米，颜色模式通常为"RGB 颜色"模式。

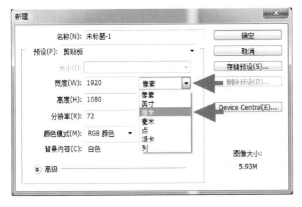

图 1.1.4

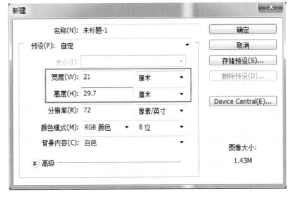

图 1.1.5

下面简单地说明一下绘图与图层的关系。

图 1.1.6：单击菜单栏里的"文件"\"新建"命令，在弹出的"新建"对话框中输入"宽度"和"高度"各为 8 厘米的尺寸数据。纸张建立后单击图层面板下方箭头所指的"创建新图层"图标，这样图层面板里就会增加一个"图层 1"。

选择工具栏里的"矩形选框工具"，在新建的纸张里按住鼠标左键不放，任意拖移出一个矩形的选区。

图 1.1.7：填充颜色——单击菜单栏里的"编辑"\"填充"命令，弹出"填充"对话框，单击"填充"对话框中箭头所指按钮可打开色彩填充的选项，一般选择"前景色"，单击"确定"按钮。

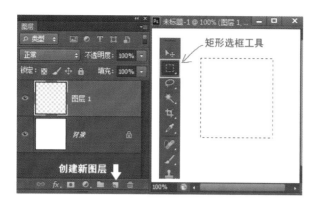

图 1.1.6   图 1.1.7

图 1.1.8：选区内被填充了黑色(如果前景色是红色,填充的便是红色)。这时选择工具栏里的"移动工具",点按住这个黑色的方块移动鼠标,方块也随之移动。

观察图层面板里的"图层 1"(见图 1.1.9 左边),可看到里面被填充的小黑块。

重要：方块之所以能移动,是因为处在"图层 1"中,假如当初没有创建新图层,方块便会处在背景图层中,背景图层中的图形是无法移动的。

图 1.1.9：存储文件——存储文件与图层有关,当图层面板里仅有一个背景图层时,可以将文件存储为"JPG"或"JPEG"的常规图片格式；当图层面板里有除背景图层以外的一个或多个图层时,Photoshop 将以默认的"PSD"的格式存储。这种保留图层的 PSD 格式的画面便于下次打开该文件时继续编辑。当有多个图层的画面存储为 JPG 格式的文件时,用鼠标左键单击图层面板右上角框内的图标,会弹出一个图层系列选项的面板,单击下边横箭头所指的"拼合图像"命令,会将图层拼合成一个图层。

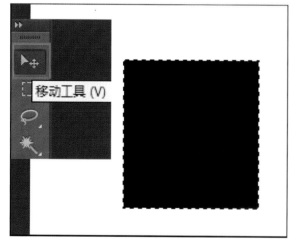

图 1.1.8   图 1.1.9

图 1.1.10：拼合后,图层面板里仅剩下一个背景图层(见该图左边)。

然后选择"文件"\"存储为"命令,在弹出的对话框中单击"格式"栏里箭头所指的下拉按钮,在弹出的格式选项里选择 JPEG 文件格式。

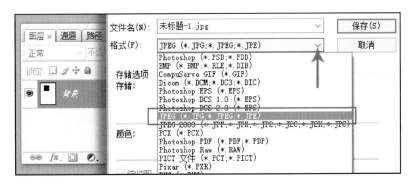

图 1.1.10

1.2
拾色器与图像模式

图 1.2.1：在工具栏的下方有一个颜色调节的工具，分前、后两个区域，前面的色块称"前景色"，后面的色块称"背景色"，单击图中箭头所指的双箭头图标可将前景色和背景色进行转换。

单击"前景色"或"背景色"会出现图 1.2.2 所示的拾色器（调色）对话框，按住取色滑钮可选择不同的色相，移动取色光标可选择该色相的深、浅、纯、灰，单击"确定"按钮后，前景色或背景色会变成所选取的颜色。

在拾色器对话框的右边排列着不同数字的变化（见图 1.2.2 的右下方）。

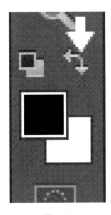

图 1.2.1

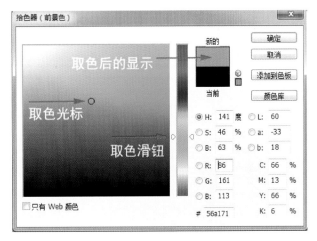

图 1.2.2

1. RGB

RGB 是指光学里的三原色，"R"为红色，"G"为绿色，"B"为蓝色。当这三种颜色出现不同的数字时，便会出现不同的颜色。平时所看到的显示器里的色彩便是由这三种原色所变化而来的。当 R、G、B 的数值都为 0 时，色彩为黑色；当 R、G、B 的数值都为 255（最大值）时，色彩为白色。

2. CMYK

CMYK 专指印刷工艺里油墨的颜色，即青蓝（C）、洋红（M）、黄（Y）、黑（K）四套色。由这四套色组合可印制出丰富多彩的图画。当 C、M、Y、K 的数值都为 0 时,色彩为白色;当 C、M、Y、K 的数值都为 100(最大值)时,色彩为黑色。

3. HSB

选取色彩时,光标在调色器里所处的位置而产生的序号变化。H:色相条里色相的序号,在色相条中取色时,由下往上的数字会产生 0~360° 的变化;S:色浓度,在调色器色框里,从左到右会产生 0~100 的浓度数据变化;B:色的亮度(并非指白色),在调色器色框里,从下到上会产生 0~100 的亮度数据变化。

RGB 的色彩可以在普通打印机打印,但不能做印刷色彩的标准。

从屏幕上看到的色彩和印刷出来的色彩差异很大,印刷设计时应选择 CMYK 颜色模式,如图 1.2.3 所示。所调的色彩必须参照专用的"印刷色标手册"里 CMYK 色彩的各项数值,才能使印刷出来的颜色不偏色。因此,RGB 的图形文件作为印刷对象时,得转换成 CMYK 颜色模式,一般在菜单栏里的"图像"\"模式"菜单选项中进行转换(见图1.2.4)。

图 1.2.3

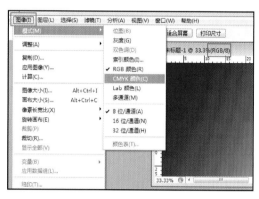
图 1.2.4

1.3
像素原理

图像软件中的画面是由许多不同颜色的像素点组成的图形。图形过度放大后会出现马赛克的现象。马赛克中的每一个小方块称为像素点。例如,新建一个宽度和高度都为 20 像素的纸张,将此纸张放大,进行色彩渐变填充,可以看到画面里因为像素太小而出现了 20×20 个小方块的色彩,正好对应了图 1.3.1 左边新建纸张里的宽度和高度各

图 1.3.1

为 20 像素的数值。

提示：

相机的像素原理。如果一幅用数码相机拍摄的照片的宽和高的尺寸为 6000 像素×4000 像素，将这组数字相乘即得照片的面积像素——2400 万像素。这款相机为 2400 万像素的相机。

1.4
菜单、工具栏与工具辅助栏

菜单是一个庞大的综合系统，可以创建纸张、改变图形的状态和创建改变图形状态的工具、打开操作面板等功能。工具栏用来直接创造和编辑图形。工具辅助栏起辅助和延伸工具栏的作用。

它们的具体运用会在后面的练习中一一介绍。这里先举一个例子来说明其相互配合的具体用法。

1. 新建纸张

图 1.4.1：单击菜单"文件"\"新建"命令，在弹出新建纸张对话框里将"宽度"和"高度"都设置为 200 像素。

当纸张宽度和高度选择了"像素"单位后，"分辨率"一栏无论选择何数值都不影响纸张的大小，因而"分辨率"一栏里数据可忽略。"颜色模式"选择"RGB 颜色"模式。

2. 建立标尺和参考线

参考线具有"磁性"功能，当画面出现了参考线后，移动一个图形元素靠近参考线时，这个元素会紧贴住参考线。要做到这个"磁性"效果的前提是保证"视图"菜单里的"对齐"选项被勾选。

参考线从纸张边缘的标尺里拖曳出来，因此先要打开"标尺"。

图 1.4.2：左边的纸张里没有标尺，单击"视图"菜单，将"标尺"和"对齐"两选项勾选。

图 1.4.3：纸张里出现了标尺。新建的纸张因像素太小，有时会在界面占很小的面积，如果要放大纸张的视图，可

图 1.4.1

图 1.4.2

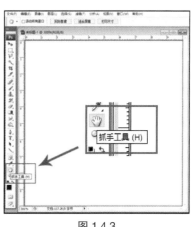

图 1.4.3

以双击工具栏里"抓手"工具以扩展作图区域。

图 1.4.4：标尺出现后，用鼠标左键按住标尺以内（绿点处）向画面中心位置拖移，拖移到中心位置（5 厘米处）时，参考线会自动卡顿住。

横竖亦是如此，建立一个十字形参考线。取消参考线：用"移动工具"对准参考线往标尺内拖移可取消参考线。

3. 建立圆形选区和填充选区

图 1.4.5：在工具栏里按住选框工具不放，会弹出选框工具的多个工具选项，寻找"椭圆选框工具"，单击鼠标左键选择该工具。

图 1.4.6：按住键盘左下方的"Shift"键不放，在画面的左上角处按住鼠标左键往右下方拖移，在接近纸张的右下边缘处停住鼠标，松开鼠标键，形成一个正圆的选区。

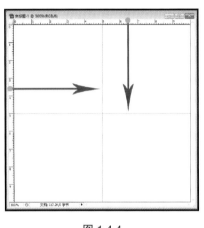
图 1.4.4

图 1.4.5

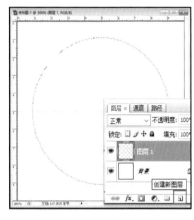
图 1.4.6

（**说明**：按住键盘上的"Shift"键可以画出正圆形、正方形等，称该键为"控制键"）。

选区形成后，在图层面板的下方单击"创建新图层"符号（见右下角小红框内），面板里会产生一个"图层 1"的新图层。

如果觉得这个圆画大了或是小了，可取消选区重新来。取消选区的方法可在键盘上按"Ctrl+D"组合键。

接下来执行菜单"编辑"\"填充"命令（或按"Alt+Del"组合键）。填充后按"Ctrl+D"组合键取消选区。

这个圆形并非在画面的正中，用工具栏里"移动工具" 在圆圈内按住鼠标左键轻轻往十字形参考线的中心移动，直到圆圈卡顿住再松开鼠标。

（插入"历史记录面板"提示：作图时常常会出错，作图时可打开"窗口"菜单，勾选"历史记录面板"，界面里会出现该面板。如果画面做错了一步，可在"历史记录面板"里找到做错的这一行。这时只需在错误步骤的上一行里单击，画面便回到了错误之前的一步，然后继续作图。）

4. 定义图案

定义图案是为填充做一个填充的图案形状。在填充时往往是填充的前景色、背景色、黑色、白色（"编辑"菜单的填充面板里有）。现在作了一个圆形的"图案"，填充时便可产生多个圆形"图案"的填充。填充的工具用工具栏里的"油漆桶"工具。

作的这个圆形是在"图层 1"里进行的,并非在背景层,因而存储这个文件时是默认的"PSD"的格式。"定义图案"的文件格式多为"PSD"格式。

图 1.4.7:打开"编辑"菜单,选择"定义图案"命令,在弹出的"图案名称"面板里输入"圆圈"的名称,确定。这个圆圈已存入图案的笔刷之中。

5. 填充图案

图 1.4.8:新建 40 厘米×40 厘米,分辨率为每厘米 50 的纸张。

图 1.4.9:选择工具栏里"油漆桶工具",这时需用到工具辅助栏。

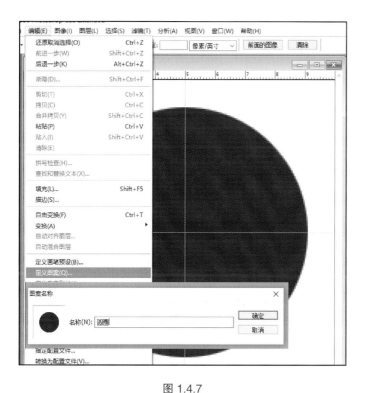

图 1.4.7

图 1.4.8

图 1.4.9

图 1.4.10(a):在菜单栏下面一排的工具辅助栏里点击箭头所示的下拉符号,选择"图案"项。

图 1.4.10(b):出现了一个图案面板选项,箭头所指的图形便是刚建立的圆圈图案,单击这个圆圈图案。在新建的纸张里单击鼠标左键,形成了图 1.4.11 的"四方连续"的多圆圈画面。

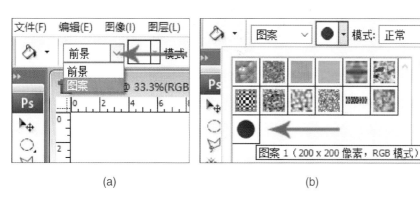

(a)   (b)

图 1.4.10

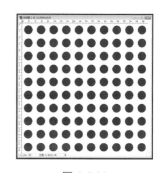

图 1.4.11

根据这个原理,读者可尝试作一个方形元素,以巩固此次学习的内容。

提示：

(1)图层。要在画面移动一个元素,这个元素必须是单独的图层,要使其成为单独的图层,必须在制作这个元素之前,于图层面板里新建一个图层,如图1.4.6所示。

(2)作正圆形、正方形,需按住键盘上的"Shift"键(控制键)。

(3)单击图层面板左边的"眼睛"可暂时关闭该图层,再单击"眼睛"的窗口可打开该图层。

1.5
图层原理练习

图层是作图前的一个重要步骤。很多初学者因为没注意在图层面板里新建图层,因而所建立的图形元素和背景层连在一起无法移动和编辑。下面的一组练习在掌握图层的基础上,顺便掌握图层的前后关系、选区与图层复制、魔棒工具等功能。

图1.5.1:新建A4的纸张(分辨率可忽略),用"矩形选框工具"框选一个正方形选区,在图层面板里单击"创建新图层"符号,按"Alt+Delete"组合键填充前景色,接着取消选区。

图1.5.2:选择工具栏里"移动工具",将"移动工具"放在填充的方块内,按住"Ctrl+Alt"组合键,这时移动工具变成了一白一黑的双箭头,表示在移动的同时具备了复制功能。按住鼠标左键往右下拖移至如图1.5.2的位置,形成两个黑方块。图层面板里增加了一个方块的图层。

图 1.5.1

图 1.5.2

图1.5.3:重复操作3次,共形成4个黑方块,同时在图层面板里增加了几个图层,且每个图层对应着一个方块。

下一步改变其中三个方块的颜色。其方法为选择某一方块的图层,用"魔棒工具"给这个方块产生选区,再填充所需的色彩。

现在准备给第2个方块填充红色,因此得使该方块所对应的图层变为当前层。眼下因图层不多,还记得这是"图层 1 副本"层,因此可以在图层面板里找到这个图层,并单击它,使它成为蓝色(即当前图层)。但如果做了很多图层,还能记得吗?因此得用简便的方法找到该图层。

图 1.5.4:用"移动工具"在画面中对准要操作的方块单击鼠标右键,弹出一个图层对话框,对话框里第一排"图层 1 副本"便是这个要操作的图层,松开鼠标,将鼠标移到对话框里第一排"图层 1 副本"的位置,单击鼠标左键,这个图层被选中,在图层面板里成为了当前层(见图 1.5.4 右边)。

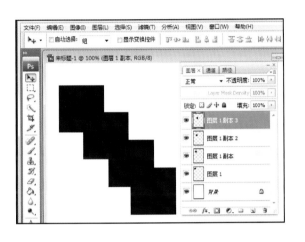

图 1.5.3

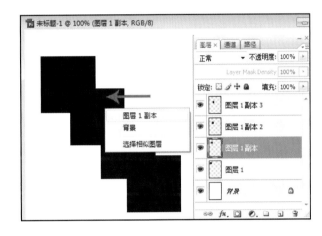

图 1.5.4

图 1.5.5:选择工具栏里"魔棒工具",在该方块里单击鼠标左键,让其产生选区。

单击工具栏里"前景色",在弹出的拾色器面板里选择红色(调色方式参考"图 1.2.2:拾色器面板"),用填充前景色的方法填充这个方块,按此方法逐个换色填充完成其余的方块,如图 1.5.6 所示。

以上介绍了选择图层、魔棒工具,现在画面出现了四个不同颜色的方块。这组方块的现象是随着向下的方块形成了一个压着一个,即黑色在最后面,绿色在最前面。为了弄清这个顺序的道理,先完成一项给每个方块命名的工作。

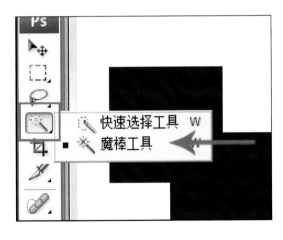

图 1.5.5

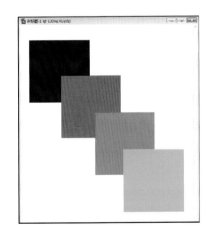

图 1.5.6

图 1.5.7:给每个图层命名。在图层面板里选择黑色方块的图层。针对老版本,在该图层的蓝色区域内单击鼠标右键,弹出了图层对话框,再用鼠标左键单击对话框里"图层属性"选项,继续弹出"图层属性"对话框,在"名称"一栏里键入"黑色"的名称,确定(见图 1.5.8)。

图 1.5.7

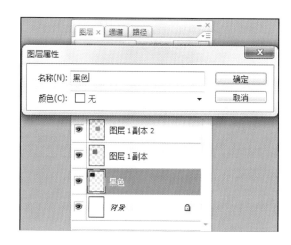

图 1.5.8

在 5.0 以后的版本里，这道程序稍简单一些，直接在图层面板里双击某一图层的文字，便可输入所需的文字（见图 1.5.9）。

在图层面板里接着重复以上的操作，逐个选择每一图层，依次命名为"红色"、"蓝色"、"绿色"以完成命名的工作。

色块的前后关系在图层面板里显示为上层和下层的关系。

在图 1.5.7 的图层面板里，绿色在最上层，在画面中便处在最前面，黑色在最下层，因而在画面里处在最后层。要改变画面的前后层关系可以在图层面板里调整图层的上下位置，调整的方法是在图层面板里点按住某一层，向上或向下拖移。

下一步将画面中的前后秩序颠倒过来。

图 1.5.10：用鼠标左键点按住面板最上层的"绿色"不放，向下拖移至黑色和背景层之间，松开鼠标键，绿色成为最后层。

用同样的方法点按住黑色图层拖移到图层面板的最上层，再将蓝色拖移到红色的下面，便形成图 1.5.11 所示的画面。

图 1.5.9

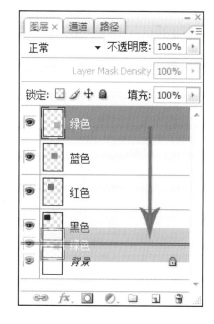

图 1.5.10

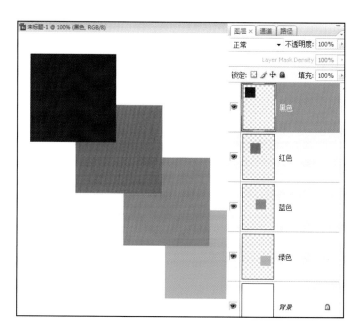

图 1.5.11

提示：

单击图层面板左边的"眼睛"可暂时关闭该图层，再单击"眼睛"的窗口可打开该图层。

操作名词解释

"新建一图层"——单击图层面板下边的"创建新图层"符号，使图层面板里新建了一个图层。

"复制图层"——将某个图层再复制一层，复制的方法是在图层面板里将要复制的图层拖移到面板下方的"创建新图层"符号里，也可按键盘上的"Ctrl+J"组合键完成。

"合并图层"——按住"Ctrl"键，在图层面板里连接点选要合并的图层，使将要合并的图层成为蓝色，再将鼠标放在图层面板里要合并的区域内单击鼠标右键，选择"合并图层"的命令。

"拼合图像"——合并含背景层的所有图层。

快捷键提示

复制图层——"Ctrl+J"组合键（包括复制一个选区所框选的范围）。

填充前景色——"Ctrl+Del"组合键。

填充背景色——"Alt+Del"组合键。

取消选区——"Ctrl+D"组合键或者用选区工具（辅助栏里处在"新选区"上）单击画面。

退一步——"Ctrl+Z"组合键。

工具应用基础

GONGJU YINGYONG JICHU

课时:8课时。
目的:熟悉工具的各自作用和综合应用原理,为后期的设计打好基础。
重点:选区应用。

工具栏里每项工具都有其各自的功用。这里将主要的工具作单独介绍,其他的一些工具将在应用练习里介绍。

2.1
选区工具

在工具栏里,选区工具主要有"矩形选框工具"、"椭圆选框工具"、"套索工具"、"多边形套索工具"、"磁性套索工具"、"魔棒工具"等。

配合选区工具的辅助栏里有图 2.1.1 所示的四个选项。这是选区工具的一个重要环节。

以下的过程内容大多在背景层上进行。

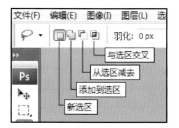

图 2.1.1

2.1.1 魔棒工具

选区工具是一个重要的基础,是图形造型和分离形体(俗称"抠图")的主要手段,也是图形软件里用得最多的一项工具。比如,框选一个正方形,填充的颜色便是正方形,框选一个圆形,填充的颜色便是圆形。由此可知,选区好比绘画,先勾勒了一个形,然后在这个形里面去涂上色彩。在该软件里,如果没有选区的控制,所填充的色彩便是涂满整个画面。

图 2.1.1(a):新建任意大小的纸张,用"矩形选区工具"在纸张里拖一正方形选区,填充颜色,取消选区。取消选区后,如果用"移动工具"移动这个方块时会弹出一个禁止操作的对话框。

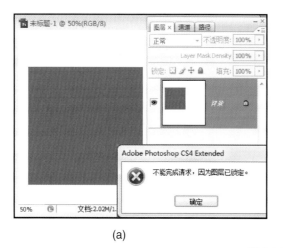

(a)   (b)

图 2.1.2

下面来解决将填充的方块与背景分离的问题。

图2.1.2(b)：选择工具栏里"魔棒工具"在方块内单击鼠标左键使方块产生选区,再将"魔棒工具"继续放在选区内单击鼠标右键,弹出一个对话框,选择对话框里"通过拷贝的图层"命令,完成。

从图2.1.3的图层面板里可以看到增加了一个"图层1"。

可以将背景层重复的方块删掉,方法是单击图层面板里的"背景层"使其成为当前层,然后用白色填充以覆盖背景层的方块。

覆盖的方法一：在菜单"编辑"\"填充"弹出的面板里选择"背景色"或"白色"进行填充。

覆盖的方法二：按"Ctrl+Delete"组合键,以背景色覆盖。这里需保证背景色为白色。"拾色器与图像模式"里提到的白色数据：当CMYK一栏里数据都为"0"时便是白色。

"魔棒工具"主要针对一片没有变化的色彩可以一次选取到位。但碰到有色彩变化的情况时便得运用选区的辅助选项了。

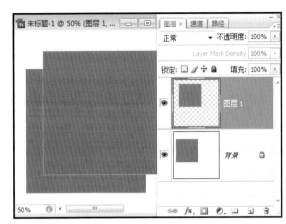

图2.1.3

可以先制作一个色彩渐变的方块(以下的几个例图自己编辑,编辑的过程也是一个提高的过程)。

图2.1.4：添加选区。新建一个正方形的纸张。①在里面用"矩形选框工具"框选;②选择工具栏里"渐变工具";③单击辅助栏里红箭头所指的三角按钮;④弹出了一个渐变选项面板,选择其中一个彩色渐变;⑤根据黑箭头所示的方向从选区的左边缘按住鼠标左键拖移至选区的右边缘,松开鼠标,产生了图2.1.5的渐变。

图2.1.5：选择"魔棒工具"在方块内单击。可以看到一次单击只能选取色彩的一部分。

单击辅助栏里"添加到选区"项(见图2.1.5上方),然后接着在方块内没有选区的部位继续点击,直到选区点满为止。可见"魔棒工具"在有变化的色彩内是颇为费劲的。

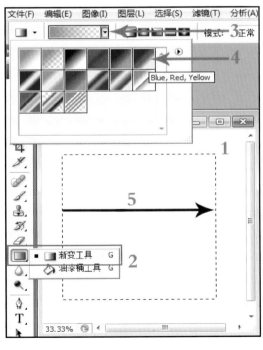

图2.1.4

图2.1.5

提示：

　　当产生了选区后，再继续添加选区时，如果没有选择"添加到选区"符号，并且符号选项处在"新选区"的位置时，第二次单击魔棒不但没添加选区，反而将第一次的选区取消了，也就是说，当画面有了一个选区，再用任何一个处在"新选区"位置的选区工具去单击画面，等于取消原来的选区。要取消选区时，如果左手不便去按"Ctrl+D"组合键，可以用此法取消选区。

　　"从选区减去"。当需被分离的形体和背景色有相似的色彩时，魔棒的选取范围会无可奈何地扩展到了背景里，这时需要将主形以外多余的选区去掉。

　　先来做一个这种选区的图例。

　　图 2.1.6：新建一个正方形（大约 600 像素 × 600 像素）的纸张，根据图 2.1.6 中所示"1"斜拉一个底色的渐变（选择的是四色渐变）。

　　根据图 2.1.7 中所示框选一个方形选区，在选区内根据"2"的方向斜拉一个渐变，取消选区。

　　取消选区后，用"魔棒工具"配合"添加到选区"辅助项，在方块内多次点击。

　　从图 2.1.7 中看到，当方块内的选区完成时，背景和方块内颜色相似的上下部分也出现了多余的选区。

　　下一步要将这两处多余的选区去掉，这便是"从选区减去"的意义。

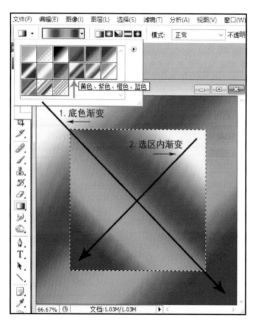

图 2.1.6

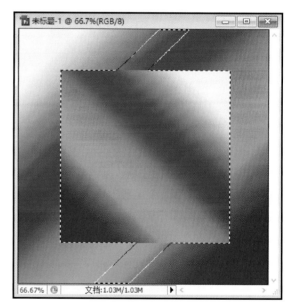

图 2.1.7

　　图 2.1.8：从选区减去。选择"矩形选框工具"，配合"从选区减去"辅助项，紧贴正方形选区的外围，完全框选住多余的选区，多余的选区便消失了，上下各操作一次。

　　这里需注意一个问题，框选时如果没对准方块的边缘会产生方块边缘不齐的缺陷，因此最好用参考线来控制，而参考线要控制到位需放大画面以精确控制参考线。画面局部放大的方法用工具栏里放大镜工具，即工具栏最下边的"缩放工具"。用"缩放工具"框选或点按所需放大的画面位置。

　　因画面放大了，要拖出第二根参考线需将纸张右边缘的滑钮下移到显示方块下边缘的选区。完成两道参考线后如要还原整个画面的视图，可双击工具栏里"抓手工具"还原整个画面的视图，或者用"缩放工具"，按住"Alt"键（放大镜变成了"缩小镜")。

别忘了做选区的目的是为了使这个方块和背景层分离,以利于编辑方块。"通过拷贝的图层"命令参考图 2.1.2。

其实,要让这个方块产生选区,只需将这个方块的四边定位四条参考线,再用"矩形选框工具"沿着参考线框选,便可"通过拷贝的图层"了。但刚操作的"麻烦"并非多余,因为知道了"从选区减去"的功能。当对该软件掌握熟练了,会选择"矩形选框工具"的方式去完成上述步骤。假如这个要分离的方块是个菱形该怎么办(见图 2.1.9)?

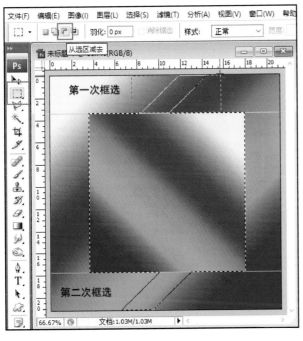

图 2.1.8

图 2.1.9

先来制作这个画面。

图 2.1.10: 仍然使用 600 像素见方的纸张,继续从左上角至右下角拉出曾经的四色渐变。

在图层面板里点击"创建新的图层"符号。

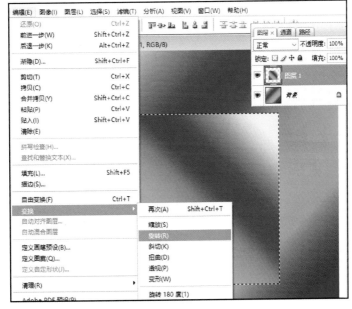

图 2.1.10

和上一个相同,框选矩形选区,选区内斜拉渐变,只是这个方块是在"图层 1"上。

取消选区否无所谓。

选择菜栏单"编辑"\"变换"\"旋转"命令,方块的四周会出现一个含 8 个小方点标记的变换框。

图 2.1.11:将鼠标对准变换框右上角的小方点按住鼠标左键,同时按住键盘上的"Shift"控制键,沿黑箭头所示的方向进行 45° 角的旋转。

键盘上的"Shift"控制键可控制平行、垂直移动图形;依据角度旋转图形;建立正方形、正圆形选区;画直线时的水平和垂直控制等。

图 2.1.12:旋转时,按住控制键旋转的角度会在 15° 有卡顿现象,同时在图 2.1.12 中红框所示处会显示旋转角度数值的实时变化。这里旋转 45° 停住。

图 2.1.11

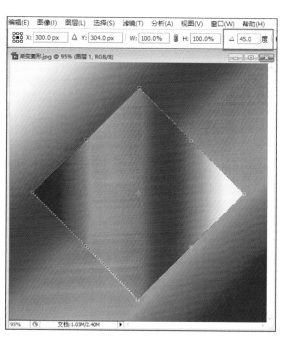

图 2.1.12

旋转后需取消变换框。可以在变换框内双击鼠标左键以取消变换框,也可以单击工具栏里任何一工具以弹出一个询问面板,单击面板里"应用"即可。

在图层面板里拼合图像参考图 1.1.9(拼合图像)。

接下来准备框选这个菱形方块。

2.1.2 多边形套索工具

"多边形套索工具"是一个很灵活的工具,就像手中的一支画笔,可以沿着复杂形体的边缘勾勒轮廓。

图 2.1.13:选择工具栏里"多边形套索工具",对准图中"第 1 点"的方块尖角处单击鼠标左键点上第一点;松开左键,将鼠标移到"第 2 点"的转角处单击第二点;松开左键,移到"第 3 点"的转角处单击第三点……"第 4 点",最后回到"第 1 点"。

图 2.1.14:最后一点应和第一点重合,以产生一个封闭的形。当最后一点和第一点重合时,套索工具的下面会出现一个小圆圈,这个小圆圈表示重合了,单击鼠标左键便完成了一个选区。

"多边形套索工具"使用技巧如下。

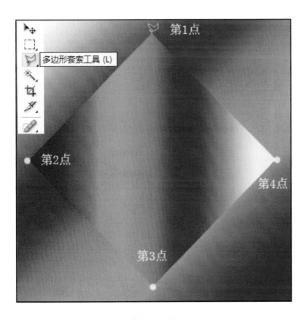

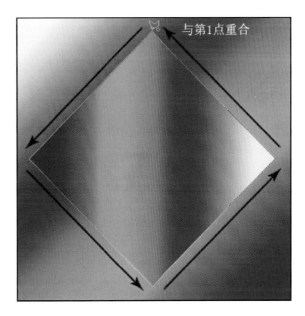

图 2.1.13   图 2.1.14

(1) 选取的途中发现某一点的位置不精确时,可以点按键盘上的"Delete"键"退一步",反复按"Delete"键可以退到取消第一点。

(2) 在一片形色复杂的画面里欲和第 1 点重合时可能找不到第 1 点。这时可双击鼠标左键便自动和第 1 点重合。

(3) 为了精确选取一个形,有时需放大画面,放大后如要在选取过程中移动画面视图,可按住键盘上的"空格键"(最长的键)。这时画面会出现一个"抓手工具",用这个工具可移动画面视图,移动到位后松开"空格键",又恢复了"多边形套索工具"。

2.1.3　磁性套索工具

"磁性套索工具"和"多边形套索工具"相似,也是围绕形作选区,区别在于"多边形套索工具"是按一下鼠标接着松开鼠标,移动鼠标寻找第 2 点再按一下鼠标。"磁性套索工具"则是按下鼠标第 1 点后不要松开左键,直接沿着形状拖移勾勒,和第 1 点重合后便完成了选区。

"磁性套索工具"看似快捷、简单,但精确性差,因此使用较少。

2.1.4　钢笔工具（系列）

"钢笔工具"(系列)融合了最强大的矢量图形软件"CorelDRAW"造型功能的基本曲线造型能力,相比"多边形套索工具"更顺手。

图 2.1.15:当选择了工具栏里"渐变工具"后,工具辅助栏里有一组渐变模式选项,先前用的是第一个"线性渐变"模式,这次选用红框内的"角度渐变"模式。

新建 600 像素×600 像素的纸张,继续选用前面的四色渐变。选择"渐变工具",选择"角度渐变"模式,在画面的正中按住鼠标左键,拖移鼠标至画面的右上角,松开鼠标键,完成了如图 2.1.15 所示的渐变。

图 2.1.16: 在图层面板里单击"创建新的图层"符号。

选择工具栏里"椭圆选框工具",在如图 2.1.16 的位置框选一个正圆的选区,填充"前景色"("Alt+Delete"组合键),不要取消选区。如果觉得圆的位置不准,可用"移动工具"点住圆圈内移动到位,让圆圈的底端和背景层渐变的中心点对齐。

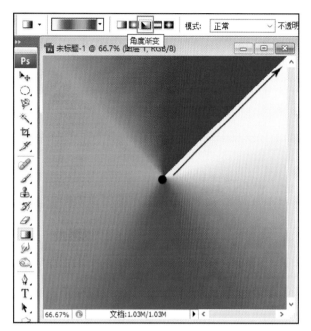
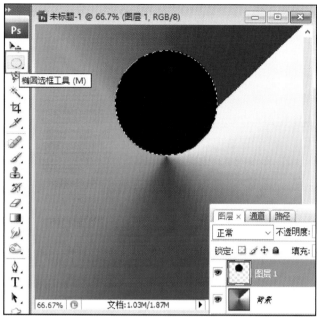

图 2.1.15　　　　　　　　　　　　　　　　　　图 2.1.16

微调移动的另一方法是点按键盘里右下方的四个箭头按键,这四个箭头按键的方向便代表着图形移动的方向。下一步拷贝这个圆圈。

图 2.1.17: 在保留圆圈选区的情况下,选择"移动工具"同时按下"Ctrl+Alt"组合键向下移动拷贝这个圆圈,两个圆圈边缘对齐。通过图中的图层面板可以看到,带着选区拷贝的图形和前一个图形在一个图层里。

图 2.1.18: 下一步复制和旋转这个双圆圈。

复制方法一:可在图层面板里将"图层 1"向下拖移至"创建新图层"符号里。复制方法二:按"Ctrl+J"组合键,图层面板里产生了这个图层的复制。

在菜单"编辑"\"变换"里单击"旋转 90°(顺时针和逆时针皆可)"命令,完成的画面如图 2.1.18 所示。

下面将这两个图形合并。

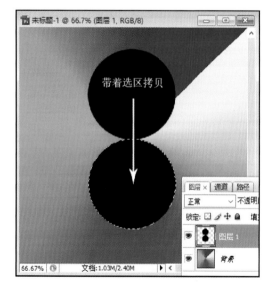
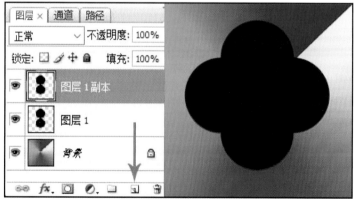

图 2.1.17　　　　　　　　　　　　　　　　　　图 2.1.18

图 2.1.19: 按住"Ctrl"键,鼠标左键单击图层面板中的"图层 1"使两个圆圈图层都被选中。

单击图中红框内的符号,在弹出的面板里点击"合并图层"命令,这两个圆圈图层合为了一个图层(注意这里不要点击"拼合图像"命令,"拼合图像"命令是将画面所有的图层全部合并)。

图 2.1.20: 用"魔棒工具"让圆圈图形产生选区。用"渐变工具"按图中所指的方向进行四色渐变,取消选区。这里可以应用"拼合图像"的命令,让画面全部合并。

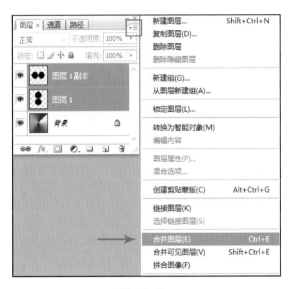

图 2.1.19

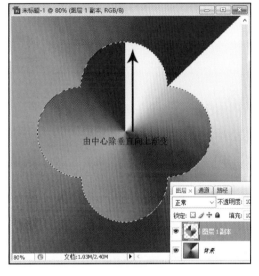

图 2.1.20

图 2.1.21: 下一步运用"钢笔工具"产生选区。选择工具栏里"钢笔工具",就像使用"多边形套索工具"一样,在图 2.1.21 中的"第 1 点"的位置单击鼠标左键,将鼠标拖移至"第 2 点"的位置再单击鼠标左键,继续操作至"第 9 点"使之与"第 1 点"重合,产生了含 8 个点的直线路径。

图 2.1.22: 将直线变为曲线。选择工具栏里"添加描点工具",在"第 1 点"和"第 2 点"线段二分之一的位置单击鼠标左键,产生了一个节点,对准这个节点按住鼠标左键向圆圈的左上方拖移至圆圈的边缘。这个路径的弧线还没有完全与圆圈的边缘重合,可以点住由节点产生的支节点向外拖移,直到重合为止。一共需添加 8 个节点和完成 8 次弧线编辑。放大画面检查一下,如重合没有到位的线段可再增加节点继续拖移弧线进行微调编辑。路径工作完成。

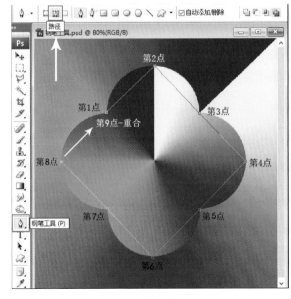

图 2.1.21

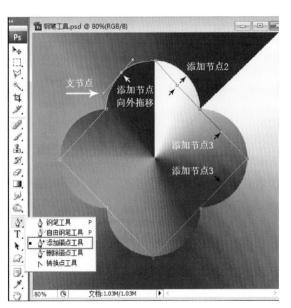

图 2.1.22

这个路径只是一个虚拟的线条,下一步将这个路径转换为选区。

图 2.1.23: 选择"路径"面板。路径面板一般和图层面板并列在一起,如没有,可在"窗口"菜单里勾选打开。

在路径面板里单击红框内的"将路径作为选区载入"符号,画面中路径变为了选区,再选择工具栏里任何一个选区工具,在画面的选区内单击鼠标右键,在弹出的对话框里点击"通过拷贝的图层"命令,或按"Ctrl+J"组合键便完成了主图形的分离。

有关"路径"可多进行练习以熟练掌握。

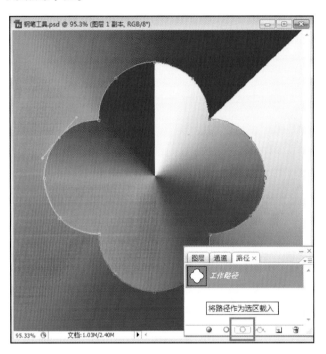

图 2.1.23

2.2
综合选区练习一

选区应用有其灵活的因素,当面对一幅需要分离图层的画面时,往往要分析使用何种选区,有时得综合运用选区工具。

2.2.1 魔棒工具和辅助选项

图 2.2.1 的主体造型全是黑色,无疑靠"魔棒工具"来选取黑色,问题是黑色的图形分布很散,用"魔棒工具"配合"添加到选区"来选取黑色需花很大的功夫。在选择了魔棒工具后,辅助栏里有一个"连续"(☐连续)的勾选符号项,当这个符号被勾选时,魔棒只能根据每一个分散的图形逐个地选取。当这个符号没有被勾选时,魔棒可以一次选取所

图 2.2.1

有颜色相似的图形。

图 2.2.2 的主体造型不是黑色,而变成了多色的主体,如用"魔棒工具"配合"添加到选区"来选取图形里的各色也能完成选取工作。但有更简单的方法,用"魔棒工具"配合不勾选"连续"来选取画面中的白色背景,所有的白色背景都被选中,这时不要拷贝图层,因为这时的选区在背景上。

图 2.2.3:单击"选择"菜单里的"反向"命令,选区会转换到凤的主体图形上,再运行"通过拷贝的图层"命令将凤纹和背景分离。

<table>
<tbody>
<tr><td colspan="2">图 2.2.2</td><td>图 2.2.3</td></tr>
</tbody>
</table>

图 2.2.2　　　　　　　　　　　　　　　图 2.2.3

2.2.2　选框工具羽化

应用"矩形选框工具"和"椭圆选框工具"时在辅助栏里有一个"羽化"的选项,其默认的数据为"0",这个"0"表示选区的边缘是清晰的,如果人为地输入了 0 以上的数据后,选区的边缘开始模糊,输入的数据越大,就会越模糊。

从图库里打开"人物－女肖像 1",如图 2.2.4 所示。

图 2.2.5:在图层面板里新建一图层,运用"Alt+Del"组合键填充背景色的白色。这时在画面框选一区域,按一下"Del"键删除选区内的白色,留下了一个清晰的宽边白框。

图 2.2.6:在"历史记录面板"里单击"填充"这一栏,让画面回到填充的这一步骤。

选择了"矩形选框工具"后,将图 2.2.6 中红框内所示的"羽化"数据调到 60 左右,仍然框选如图 2.2.5 的区域,按删除键,使画面产生了白边羽化的边缘。

"椭圆选框工具"亦可如此。

图 2.2.4

图 2.2.5　　　　　　　　　　　　　　　图 2.2.6

2.2.3　多边形套索工具羽化

用魔棒或是多边形套索工具在框选一个形体时,这个形体的外轮廓可能有清晰的边缘,也可能有一部分不清晰的边缘。比如某部分边缘处在暗背景里。这时应注意选区工具的清晰和羽化配合使用,方能使分离出来的形体边缘虚实生动。

下面来简单地作一个有虚实边缘的椭圆形。

图 2.2.7:将前景色调为任意深色填充画面(这种简单的填充使用"油漆桶工具"也可填充)。

在背景层上如图所示框选一椭圆选区,填充任意浅色。

选择工具栏里"模糊工具"。该工具的辅助栏里有一个"画笔"选项,单击右边的三角按钮可弹出画笔大小的数据,选择 45 大小。第二个红框内的"强度"即指用笔的力度。

用"模糊工具"在椭圆的下部分反复涂抹使其模糊为止,便形成一个边缘有虚实的椭圆。

图 2.2.8:选择"魔棒工具",一般"魔棒工具"默认的"容差"为"32",这里将辅助栏里"容差"调为"6"。容差小,可收缩选区的范围,以保证椭圆的边缘不会将深色的背景框选进来。

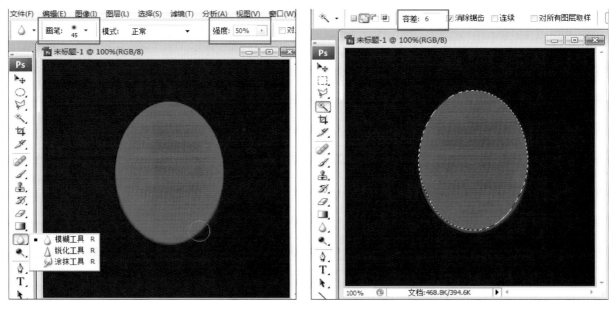

图 2.2.7　　　　　　　　　　　　　　　　　图 2.2.8

图 2.2.9(a):选择"多边形套索工具",选择"添加到选区"符号,将"羽化"调为"3"。这是一个使边缘略微模糊的选区数据。

大约在椭圆内的中心位置点上第 1 点,将鼠标移至椭圆的左边缘略偏下一点的位置,与原来的选区重合,顺着椭圆下部分选区以外、椭圆模糊边缘以内勾选弧形选区,到右边缘中间偏下的位置与原来的选区重合,将鼠标移至椭圆内与起点重合。

完成选区后,在选区内单击鼠标右键,运行"通过拷贝的图层"命令。

图 2.2.9(b):在图层面板里选择"背景"层,用白色填充背景层,这时可以清楚地看到椭圆的上部分清晰,下部分模糊。这个练习对以后抠图的生动性很有帮助。这是编辑图像的基本功。

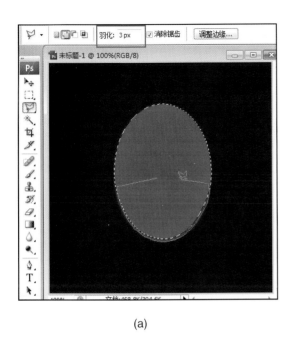

(a)

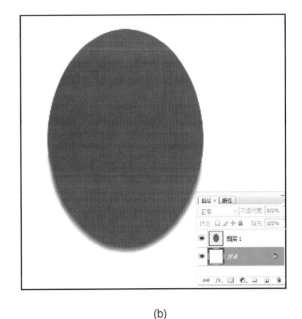

(b)

图 2.2.9

提示:

当运用了选区羽化后,常常忘记将羽化回到"0",因此有时再应用选区时会弹出一个如图 2.2.10 的警告对话框,请不必疑惑,单击对话框里"确定"后再将选区的"羽化"调到"0",即可继续操作。

图 2.2.10

2.2.4 选区综合应用

新版本在新建纸张或打开一张画面后,画面往往嵌入了整个界面,如需缩小画面的整个面积,可用鼠标点按住画面外框的上边缘向下拖移少许,让画面脱离开被嵌于的界面。另外,界面里有两幅图时,往往并列在一个面板里,如要分离,可选择画面上边框的图片名称向外拖移以分开两幅画面。

下面的任务是将画面中的主体人物和背景分离开来,再单独对主体图形或是背景进行编辑,这是 Photoshop 软件的重要任务,而这个任务大多离不开选区的应用。

打开 2.2.11(a)的图片,下一步将图中的人物和背景分离。

图 2.2.11(b):选择"魔棒工具",注意将"容差"调到默认的"32",模式为"添加到选区"项,在人物内多次点击以添加选区。

在人物内多次添加了选区后,某些和主题色彩相似的背景部份也产生了选区,暂时不管它。

图 2.2.12(a):选择"多边形套索工具",注意将羽化调到 "0",模式仍为"添加到选区"项。

在人物的形内添加框选没有被选到的选区(红箭头处为选区的起点)。

图 2.2.12(b):放大画面视图,继续添加选区,顺便将没选到位的胳膊轮廓的暗部框选到位。

(a)

(b)

图 2.2.11

(a)

(b)

图 2.2.12

图 2.2.13：人物形内选区添加完毕后，在辅助栏里点取"从选区减去"符号，将人物以外的选区去掉。

完成的画面如图 2.2.14 所示。

接着在选区内单击鼠标右键执行"通过拷贝的图层"命令（或"Ctrl+J"组合键）。人物和背景分离开了。可以保存一个 PSD 的文件，以待后期需要时使用。

图 2.2.13

图 2.2.14

下一步给人物添加背景。

图 2.2.15：打开文件：风景-建筑（注意：后期的版本可以用鼠标点住画面的上边框向下拖移画面，让画面可以在界面里自由移动，便于多幅画面的相互插入）。这个建筑图片要拖移到人物的后面，因此在女肖像画面的图层面板里选择"背景"层，再选择风景图片，用"移动工具"在风景图片内按住鼠标左键，将风景图片拖入人物的画面里。从图层面板可以看到拖进来的风景图层排在了人物图层的下面（即人物的后面）。

从图 2.2.15 里看到，风景图片很小。这是因为两幅图片的图像大小不一致的缘故。下面将风景图片放大。

图 2.2.15

图 2.2.16：之前用过编辑菜单里的"变换"选项，现在应用"变换"上一行的"自由变换"选项。

保持图层面板里的当前风景图层，将该图片移动到画面的左上角。

单击"编辑"菜单里"自由变换"命令，这时风景图片出现了一个变换框，鼠标对准变换框右下角的小方点，按住鼠标左键往画面的右下角拖移放大，直到和画面的右下角对齐，松开鼠标，在变换框内双击鼠标左键以取消变换框。

下面再调整一下画面。

图 2.2.16

图 2.2.17：调整一下构图。将分离出来的人物移动到画面的右边缘。

图 2.2.18：背景作为陪衬可以虚化一点。在图层面板里选择风景层，单击"创建新的图层"符号，在这个新图层里填充白色，人物后面被白色覆盖了。

图层面板的上方有一个调整图层透明度的选项（红框内），单击三角符号，将"不透明度"调到 15% 左右的数据，让白色透明，以减弱风景图片的对比度。

图 2.2.17

图 2.2.18

图 2.2.19：将人物提亮。

提亮画面的方法有几种，都在"图像"\"调整"菜单里进行。

打开菜单"图像"\"调整"，在弹出的面板里选择"曲线"选项，弹出一个"曲线"面板，面板中心方框的左边有一个竖状的渐变条，条中的深浅表示着明暗的调节方向。用鼠标左键按住方框中的曲线中心往条中的浅色方向拖移，使人物变亮，确定。

加一层虚幻的白边。

图 2.2.20：单击图层面板里的最上层即人物图层，再单击"创建新的图层"符号，将新建的这一层填充白色，将工具栏里"矩形选框工具"的羽化调到"70"，框选白色的大部份，按删除键，便完成了该图片的编辑。

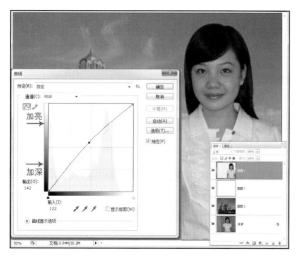

图 2.2.19

图 2.2.20

还可以自己将背景的风景虚化,方法为选择图层面板里风景层,打开菜单"滤镜"\"模糊",选择"高斯模糊"命令,在弹出的"高斯模糊"面板里将"半径"数据调为 2.5 左右,以进一步虚化背景(见图2.2.21)。

如果要保存画面可以有两种格式,一种是不拼合图像的"PSD"格式,另一种是拼合图像的"JPEG"格式。这里要求读者保留一个没拼合图像的 PSD 格式,重新命名,便于以后继续做练习。

以上的学习围绕着选区进行,其中穿插了其他功能的运用,这其中的"自由变换"、"变换"以及菜单"选择"里的"反向"(转换选区)都是常用的重要功能,需记住。

图 2.2.21

2.3
综合选区练习二

2.3.1　选区做墙面

学会一种工具不难,但如何充分地、灵活地运用工具还得多实践才能做到应用自如。

图 2.3.1:新建 40 厘米×40 厘米,分辨率为 40 的纸张。确认"视图"菜单里的"标尺"和"对齐"两项被勾选。打开光盘文件"石材 – 墙砖 2",将该图拖入纸张里,放在画面的左下角。

图 2.3.2:用"移动工具"配合"Ctrl+Alt"组合键复制这个墙砖,复制后松开鼠标,再将复制的墙砖移到右下角对齐。在"视图"菜单里勾选了"对齐"后,即使没有参考线,两个图层也能对齐。

按住"Ctrl"键连选"图层 1",两个图层都被选择,将两个墙砖图层合并。

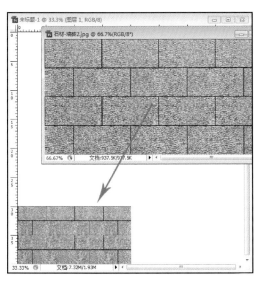

图 2.3.1

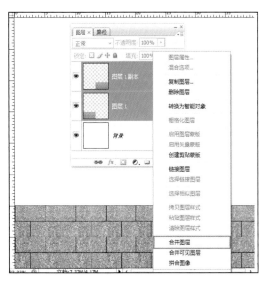

图 2.3.2

图 2.3.3：将合并后的墙砖继续往上复制，只到铺满画面为止。在图层面板里按住"Ctrl"键连选这四个图层，单击鼠标右键，执行"合并图层"的命令。

图 2.3.4：在图层面板里新建一图层。沿着某些墙砖缝隙框选一个如图 2.3.4 的矩形选区，填充黑色。

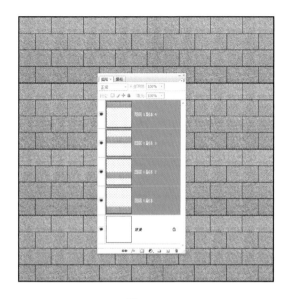
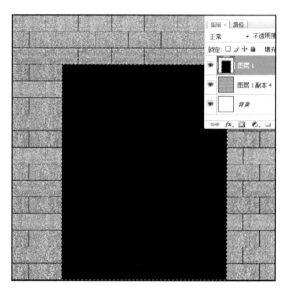

图 2.3.3   图 2.3.4

图 2.3.5：将"矩形选框工具"的"羽化"调到 40，在黑块的上方框选一区域到底，宽度如图 2.3.5 所示。

图 2.3.6：在"矩形选框工具"的基础上在选区内按住鼠标左键往下移动选区，下部分的选区到了画外。

图 2.3.5   图 2.3.6

注意：移动选区不能用"移动工具"，仍用任何选区工具来移动选区，但需保持辅助选项处在"新建选区"的选项上，否则，变成了"添加"或"减去"选区的误操作。

现在选区的三个边缘与门框的宽度基本相等，按删除键删除选区内的黑色，留下了一圈虚幻的投影。为何这个选区要长于门框，因为选区是模糊的，如果选区和门框的长度刚好，在删除后门框底边会留下一道黑边。

图 2.3.7：如果想改变门框内的墙砖颜色，可在图层面板里选择墙砖的图层，将矩形选框的羽化还原到"0"，框选与门框外边缘同样大小的选区，在"图像"\"调整"菜单里选择"色相／饱和度"选项，在弹出的面板里调节"色相"、"饱和度"、"明度"三个调节钮。如果不满意所调的色彩，还可打开菜单里的"色彩平衡"面板进行调节。其实改不改变门框内的色彩无所谓，只是让读者知道可以框选一个图层的某一部分，然后仅改变被框选区域的色彩或明暗变化。

图 2.3.8：色彩平衡。

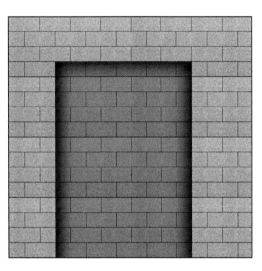

图 2.3.7 　　　　　　　　　　　　　　　　　　图 2.3.8

2.3.2　选区做圆柱体

圆柱体是一个立体的状态，会联想到似乎要通过绘画的方法来完成。其实在图像编辑软件里，大多靠程序可以完成"三维空间"的效果。这个练习可以进一步灵活应用选区。

下面的圆柱体仅用选区和渐变工具来完成。

图 2.3.9：新建 1600 像素×1600 像素的纸张。因为圆柱体为白色，需要和背景区别开，将前景色调为浅蓝色，将背景色调为深蓝灰色。选择"渐变工具"，在辅助栏里选择第一个"线性渐变"（下图上边缘红框内所示），在颜色模式面板里选择"前景到背景"的色彩渐变模式，按住 Shift 键，由画面的上边垂直拖移至下边，完成了浅蓝到深蓝的渐变。

图 2.3.10：从纵向标尺里拖移出两根参考线。新建一个图层，在两根参考线内框选一个长矩形选区。

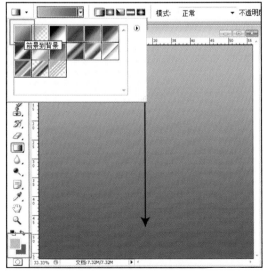
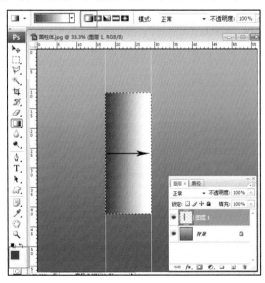

图 2.3.9 　　　　　　　　　　　　　　　　　　图 2.3.10

将前景色改为黑灰色,将背景色改为白色(CMYK 都为 0)。选择"渐变工具",按住 Shift 键,由选区的左边拉至右边,完成了圆柱体的深浅过渡。取消选区。

图 2.3.11:用"椭圆选框工具"沿着两根参考线框选如图的椭圆,在选区内单击鼠标右键,在弹出的面板里选择"通过拷贝的图层"命令("Ctrl+J"组合键)。

图 2.3.12:用移动工具将拷贝的椭圆拖移至矩形的下边缘,对齐。图 2.3.12 中的虚线为了方便看清形而设。

图 2.3.13:可以将椭圆和长方体合并。在长方体的顶边再框选一个椭圆选区,这次的椭圆选区应比先前的选区稍扁一点,以符合透视的需要。

将这个选区填充白色。

完成后保留这个图形的 PSD 文件,命名为"圆柱体",以便以后练习用。

图 2.3.11

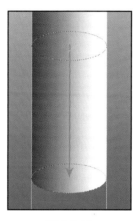

图 2.3.12

图 2.3.13

2.3.3　选区综合运用

继续在 2.3.2 圆柱体的画面中完成 2.3.3 的练习。

图 2.3.14:打开"圆柱体"的 PSD 文件。打开文件"木材 2"的素材图片,将这个图片拖入"圆柱体"的画面中。在图层面板里单击红框内的眼睛符号,关闭圆柱体图层,以排除视觉干扰。下面做一个透视效果。

图 2.3.15:选择"编辑"菜单里"变换"\ "透视"命令,木纹四周产生了"透视"变换框。

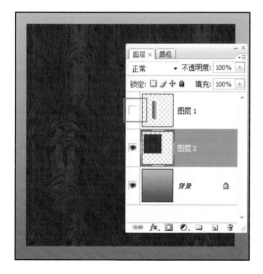

图 2.3.14

图 2.3.15

图 2.3.16：根据图 2.3.16 中所示点住红框内的调节钮向外、向内拉扯移动。完成了梯形后，在变换框内单击鼠标右键，弹出一个选择变换模式的对话框，单击第一排的"自由变换"，接着鼠标左键点住变换框上边中间的调节钮向下拖移，缩短桌面的上下长度（在变换框内单击鼠标右键的方法省去了取消透视变换框，再选择"自由变换"的过程）。

为了加强桌面的生动感，给桌面增加一道过渡光。

图 2.3.17：首先让桌面形成选区，方法是单击"选择"菜单，单击"载入选区"命令，桌面形成了选区（前提是保证桌面是当前层）。

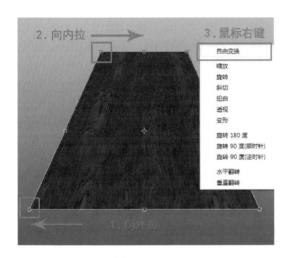

图 2.3.16

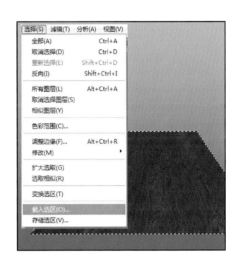

图 2.3.17

下一步给桌面添加一个渐变。

图 2.3.18：在桌面图层之上新建一图层，让前景色为白色。选择"渐变工具"，在渐变色彩模式里选择"前景到透明"的渐变模式。

图 2.3.19：从选区的上边缘拉渐变至选区的下边缘。

图 2.3.18

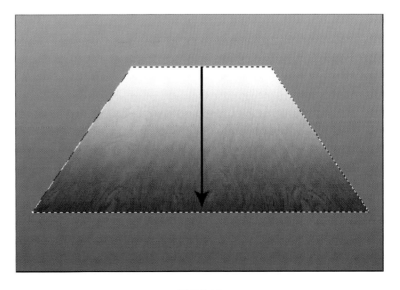

图 2.3.19

图 2.3.20：图层面板的左上方有一个图层混合模式的窗口，点击窗口的三角符号，在打开的面板里选择"叠加"选项，让白色透明，实现了桌面的受光渐变效果。

图 2.3.21：在"木材 2"的素材图片里横向框选一个矩形选区，用"移动工具"将其拖入桌面的下边缘处，对齐，做一个桌面的厚度。这个桌边短了，可以选择"编辑"菜单里的"自由变换"将其横向拉长，也可以将其拷贝一个再移动对齐、合并，以加强长度。

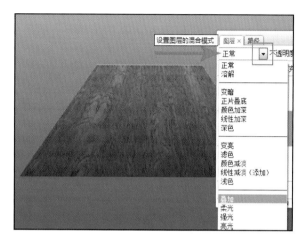
图 2.3.20

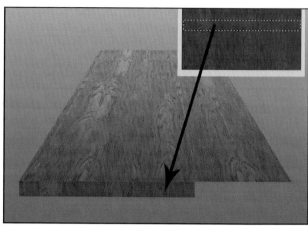
图 2.3.21

图 2.3.22：做一个圆柱体的投影。

单击圆柱体层的眼睛窗口让其显示。用"自由变换"命令将圆柱体缩小到适宜桌面的程度。

在桌面的上层新建一图层，如图 2.3.22 框选一横向的矩形选区，填充黑色。这个投影层处在圆柱体的下层，桌面的上层。

图 2.3.23：在图层面板里将投影的不透明度调到 55% 左右。

选择"变换"里的"透视"命令，点住变换框左边中间的小点向下拖移一点，避免投影太平行。

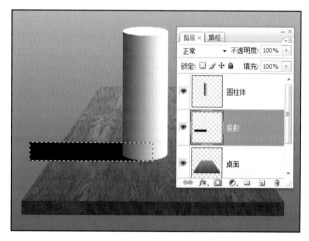
图 2.3.22

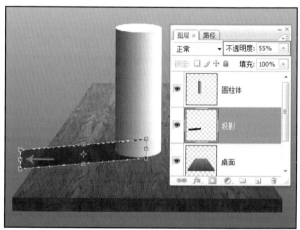
图 2.3.23

图 2.3.24：用"模糊工具"反复涂抹投影的边缘使其模糊。注意靠近圆柱体的边缘较清晰，距圆柱体较远的部位模糊大一点。

接着用"多边形套索工具"框选桌面以外多余的投影，删掉。

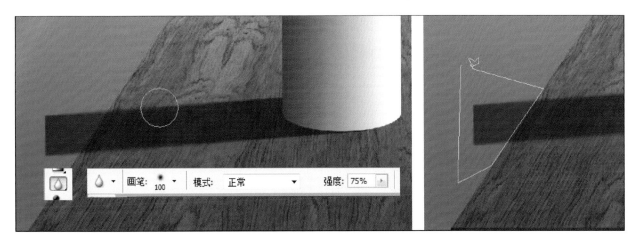

图 2.3.24

下面给桌子增加两条腿。

图 2.3.25：在素材图片里再纵向框选一矩形选框，拖移至画面中桌面的下层。

拖出纵向参考线控制在桌腿的正面和侧面转折的位置，用"矩形选框工具"沿着参考线框选左边正面的区域。

选择工具栏里"加深工具"，辅助栏里的"画笔"大小为200，"范围"选"中间调"，"曝光度"的数据不要太大，便于控制力度。

图 2.3.26：按住鼠标左键，在图 2.3.26 中所示的位置涂抹几下，表示阴影。

再选择"图像"\"调整"菜单里的"亮度 / 对比度"命令，将亮度调低，桌腿正面整个地暗了。

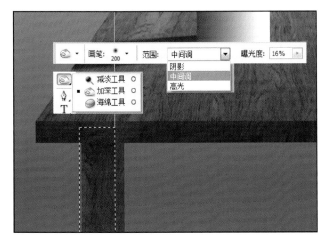

图 2.3.25

图 2.3.26

图 2.3.27：将选区转换到参考线的右边，用"曲线"选项将桌腿侧面整个加亮，再用"加深工具"和"加亮工具"（辅助栏里"范围"为"中间调"）擦出局部的阴影和高光。暂时保留矩形选区。

根据透视的原理，桌腿的侧面不能太宽，可用"自由变换"命令将侧面横向压缩细一些。

取消选区后，可以复制这个桌腿到右边，执行"编辑"\"变换"\"水平翻转"命令，完成练习。完成的效果如图 2.3.28 所示。

图 2.3.27

图 2.3.28

2.4
控制键应用

2.4.1   控制键与明暗

在完成的桌面与圆柱体画面里,可以看到桌面立面和桌面平面的交界处有一道深色,在绘画里称为"明暗交界线"。这个"深色"的描绘不难,用"加深工具"涂抹几下便可,但如图2.4.1中一长条均匀的深色得配合控制键(Shift键)来完成。

图 2.4.1

图2.4.2:参考线放在明暗交界的位置,在要操作的桌边部位框选一矩形选区,将"加深工具"放在选区的左外边缘,对准参考线,鼠标左键点按一次,再松开按键,将鼠标移动到图中所示的第2点,对齐参考线,单击鼠标左键。注意"曝光度"(即用笔压力)的数据要小,以免做过头。如果深度不够,可按住控制键再反复几次。

图 2.4.3：亮部亦是如此。将选区移到参考线的上方，选择"加亮工具"。因亮光很细，笔刷要调小，范围仍选"中间调"。操作中，偶尔取消选区、取消参考线，观察一下程度如何，不满意时可通过"历史记录"面板返回几步，再操作。

这种直线的用法需多练习，可以单独练习，练习方法如图 2.4.4。

图 2.4.2

图 2.4.3

图 2.4.4：在一张白纸中，运用工具栏里的"画笔工具"来进行。在"画笔预设"选取器里有不同大小、不同形状的笔刷都可用来练习，笔刷大小可随意调节（见红箭头处）。

控制键可以控制横向的水平和纵向的垂直。

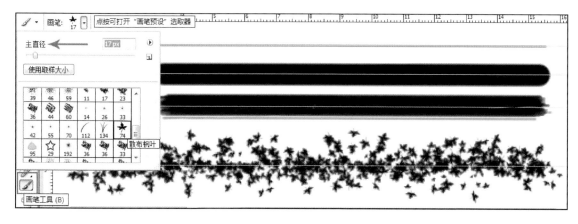

图 2.4.4

2.4.2 控制键与"直线工具"

本部分应用到工具栏里"直线工具"。通过应用练习掌握"直线工具"的原理和用法。

所谓直线，一定是一条笔直的线，而要笔直，同样需要运用控制键。仍以桌边为例，给桌边增加一道凹槽。先在桌边的上层新建一个图层。

图 2.4.5：矩形选区框选住桌边，将"前景色"调为黑色。选择工具栏里"直线工具"，在辅助栏里选择"填充像素"符号，"粗细"一栏里调整数据为 12（这个数据的大小和纸张的图像大小有关）。

按住控制键，从箭头处按住鼠标左键一直拖移到右边的末端止。

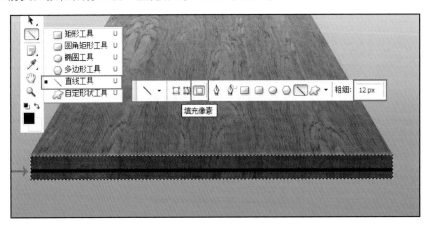

图 2.4.5

图 2.4.6：将这条黑线调透明一点，以显示少许木纹。

将前景色调为粉红色。再新建一图层，将直线工具的"粗细"调为 2，紧贴着黑线的下边缘从左到右拉一道细线，描出一道高光，再将透明度调低，避免生硬。

其实黑线应该画两道，第一道表示凹槽的暗部，第二道窄一点，表示桌边上部分的投影，其方法是将黑边拷贝一层，用羽化为 2 或是 3 的矩形选区框选第二道黑边的下半部分，删除。如果暗的不够，可将透明度还原一点。

取消选区和参考线看看效果，如果满意了，便合并除背景以外的图层。

在凹槽的两头框选一点矩形选区，将黑线两头删除一小块，表示凹槽侧面的"凹"。

图 2.4.7：完成图。

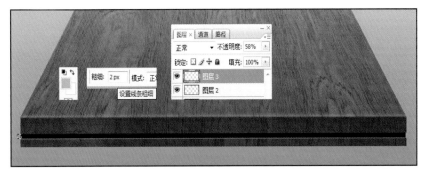

图 2.4.6

图 2.4.7

2.4.3 控制键做像框

像框的样式丰富多彩,尤其古典雕花像框,短时间内无法做到那么细腻和逼真,这里仅做一个概念的像框以进一步熟悉和扩展工具的用法。

图 2.4.8:新建 A4 纵向的纸张,40 像素每厘米,选择 RGB 模式。

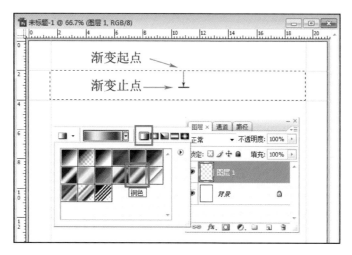

图 2.4.8

勾选"视图"菜单里"标尺"和"对齐"两选项。从标尺里拖出横向参考线 2 根,各距纸张的上边缘 2 厘米和 4 厘米;拖出纵向参考线 2 根,各距左右边缘 1.5 厘米。

紧靠横竖参考线内框选 2 厘米宽的矩形选区,接着在图层面板里新建一图层。

选择"渐变工具",在渐变色彩模式里选择"铜色"渐变模式。观察例图中的渐变起点和渐变止点的位置,即选区上下二分之一多一点的渐变行程,按住控制键垂直拉渐变,渐变效果见图 2.4.9。

图 2.4.10:用"矩形选框工具"框选渐变中的圆柱体部分,运行"通过拷贝的图层"命令复制一个圆柱体。

图 2.4.9

图 2.4.11:将这个圆柱体下移,运用"自由变换"选项将其变细。

图 2.4.12:选择工具栏里"吸管工具",在画面较深的部位单击鼠标左键,"前景色"变为了吸管所指的颜色("吸管工具"用来点取画面中所需的颜色并将该色传递到"前景色"中)。

图 2.4.13:新建一图层,选择工具栏里"直线工具","粗细"为 2,在边框底部产生一道深线,代表边框的厚度。

一根边框的结构完成了,合并除背景层以外的图层。

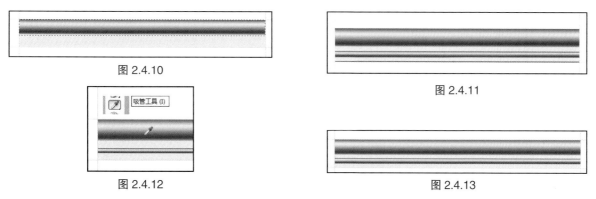

图 2.4.10

图 2.4.11

图 2.4.12

图 2.4.13

图 2.4.14:不带选区复制这个边框至底边的参考线(记得在纸张的底边 2 厘米处也画一道横向参考线),对齐参

考线,运行"编辑"菜单里"变换"\"垂直翻转"命令。

　　按"Ctrl+J"组合键复制下边的这段边框,运行"编辑"菜单里"变换"\"旋转 90°(顺时针)"命令。然后将其移动,对齐左边和上边的参考线。

　　竖边框不够长,运行"编辑"菜单里"自由变换"命令,鼠标点住变换框下边中间的小点向下拖移至对齐下边的参考线。

　　下一步是为竖边做一个 45° 的斜角。

　　图 2.4.15:选择"多边形套索工具",在横竖参考线交叉处按下鼠标的第 1 点,按住控制键,往右下呈 45° 角移动至边框外按下第 2 点,再将鼠标往上移至边框外按下第 3 点,再与第 1 点结合,按删除键,完成了竖边框的三角效果。

　　图 2.4.16:重复以上的操作完成边框下方的三角效果。

　　图 2.4.17:复制这个竖边框至右边的参考线,运行"编辑"菜单里"变换"\"水平翻转"命令,注意和右边参考线对齐。

　　将四个边框合并,保存一个"PSD"的文件留待后面使用。

　　图 2.4.18:从光盘里调出"人物 – 婚纱女 1"的图片拖入像框的下层。

　　图片像素较小,按住控制键,用"自由变换"命令放大图片(拖移变换框右下角的小点)。

　　下面做一个像框的阴影。

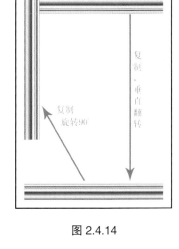

图 2.4.14

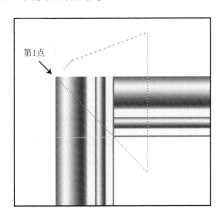

图 2.4.15

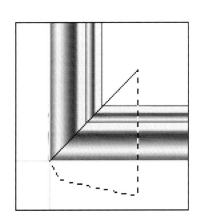

图 2.4.16

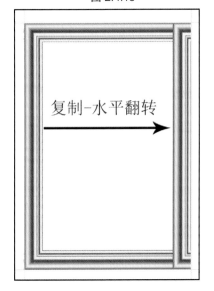

图 2.4.17

图 2.4.18

图 2.4.19：在人物图层的上层新建一图层，在像框的内外边缘之间框选一矩形选区。

图 2.4.20：填充黑色。

将"矩形选框工具"的羽化调到 12，在像框的内框内，距内框边缘稍留一点距离（选区的下边可和像框的下边缘平齐），按删除键，完成了像框阴影的制作。

图 2.4.19

图 2.4.20

下面接着给像框做一个投影。

图 2.4.21：在背景层的上层新建一图层，将"矩形选框工具"的羽化调到 12，框选一个略大于像框的选区，填充黑色，取消选区。将黑色调透明一点，完成了像框的投影。

完成图的背景层肌理效果是给背景层填充颜色，运行"滤镜"菜单里的"纹理"\"龟裂缝"选项。

图 2.4.22：完成图。

图 2.4.21

图 2.4.22

如果是一幅横向、宽幅的画,如何将这幅画和像框吻合呢,下面来练习一下。

图 2.4.23:打开文件"风景 – 校园"的图片。图片比像框的尺寸大,如果想保留该图片的原尺寸,就得放大像框,并将像框拖入校园的图片中来,因此要将图片的四周留出空白。

图 2.4.23

在"图像"菜单的"图像大小"下面有一个"画布大小"的选项,单击这个选项,弹出了一个"画布大小"的面板,面板下方的 8 个箭头代表纸张要扩充的方向,箭头中间的小方块代表画面在扩展纸张后的位置。"宽度"和"高度"显示了画面现有的尺寸,下面要将宽度和高度的数据加大,便于放置像框。

图 2.4.24:为了方便编辑,可以将纸张扩展多一些,输入宽度为 20,输入高度为 10,单击"确定"。可以看到画的四周出现了较宽的白边。

再将先前保存的像框文件打开。

图 2.4.24

图 2.4.25:调出的像框是纵向的,点击菜单"图像"\"旋转画布"\"旋转 90 度"命令,让像框横过来。拖移像框到图片中,将像框对齐图片的左上角,拖出横竖参考线紧贴像框的左边和上边。

不要用"自由变换"来放大像框,否则边框显得太宽。如果想让边框还细一点,可以"自由变换"缩小边框使其变细,但一定要按住控制键以保持边框的横竖宽窄一致。

图 2.4.26:用"矩形选框工具"框选像框的整个右部分(选取宽窄任意),用"移动工具"将框选的部分向右移至与图片的右边对齐,取消选区。

图 2.4.25

图 2.4.26

图 2.4.27：继续用"矩形选框工具"框选像框的左部分，选择"自由变换"命令，点住变换框右边中间的小点向右拖移至和右边像框重合（效果见图 2.4.28）。取消选区。

图 2.4.27　　　　　　　　　　　　　　　　图 2.4.28

图 2.4.29：框选整个像框的下部分，用移动工具或是键盘中的下移键往下移动、对齐。

图 2.4.30：操作和先前一样，框选、自由变换至和下面的像框重合，便完成练习。

图 2.4.31：完成图。如要改变边框的颜色，可用"色相／饱和度"、"曲线"等命令调节。

图 2.4.29　　　　　　　　　　　　　　　　图 2.4.30

图 2.4.31

2.5
课外练习

　　第 2 章所学的内容都运用到了选区的功能，可见选区的重要作用，若要熟练地运用选区，还得靠多练习，才能做到运用灵活、精确。下面来做一个大写字母"G"。

第一步：用选区完成造型，见图 2.4.32。

为了锻炼和考验大家综合应用选区的能力，这个选区造型的过程就不一一举例了。做法：框选正圆选区，接着用"椭圆选框工具"减去圆形选区的内部（注意：运行"从选区减去"时不要按键盘上的"Shift"键，否则成为"添加选区"。圆圈的宽窄不一致没关系）。再用"矩形选框工具"并运用减去和添加选区的功能完成字母的横笔画。

第二步：新建一图层，用红色填充，取消选区，如图 2.4.33 所示。

下面给字母做一个立体效果。

图 2.4.32　　　　　　　　　　　图 2.4.33

第三步：如图 2.4.34 所示。

（1）在图层面板里双击"图层 1"，弹出一个"图层样式"面板。

（2）单击"投影"一栏。

（3）调节"距离"的数值为 15 左右（效果见图 2.4.34 右下）。

图 2.4.34

第四步：如图 2.4.35 所示。接着单击"图层样式"面板里的"斜面和浮雕"一栏，将"大小"一栏里数值调到 20 左右（这个数据可以根据对立体程度的感觉调节）。

图 2.4.35 右下的背景肌理是运行"滤镜"菜单里"纹理"\"龟裂缝"选项。

拼合所有图像。下一步做一个"光照效果"。

第五步：如图 2.4.36 所示。单击"滤镜"菜单，选择"渲染"\"光照效果"，弹出一个"光照效果"面板。

第六步：如图 2.4.37 所示。根据图 2.4.37 中的指示调节光照方向、光照范围、光照亮度，完成画面。

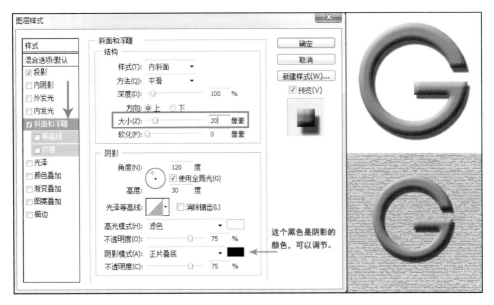

图 2.4.35

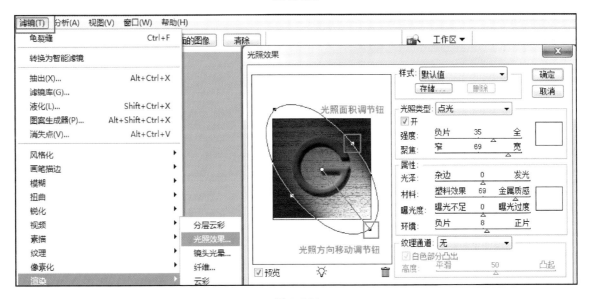

图 2.4.36

图 2.4.37

思考题

根据效果图（见图 2.4.38）做一个一环扣一环的三连环,其过程全靠选区与图层的关系来完成,原理是利用红色的选区删除蓝色的一个缺口;再利用蓝色的选区删除绿色的一个缺口。注意每个圈只删除一个缺口。

圆圈周圈宽窄一致的做法如下。

图 2.4.39：新建一图层,框选一正圆选区,填充红色,取消选区。在圆块内再框选一小于圆块的正圆选区。

图 2.4.38

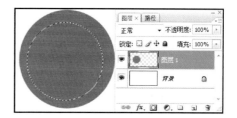

图 2.4.39

图 2.4.40：在"图层"菜单里选择"将图层与选区对齐"命令,在子菜单里将两道蓝色的命令各点选一次,对齐后按删除键。

图 2.4.41：接着将圆圈复制两次,用魔棒分别产生选区,分别填充蓝色和绿色。

图 2.4.40

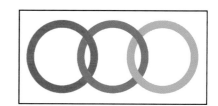

图 2.4.41

第 3 章

图像菜单编辑

TUXIANG CAIDAN BIANJI

课时:8课时。

目的:掌握修饰图片的技巧,让图片更具魅力。

重点:图层混合模式应用。

　　调整含有修补的因素,即修补图片的不足,也可改变图片的色彩倾向。编辑是在调整的基础上含有创意的因素。有关图片的色彩处理,大多依赖于"图像"\"调整"菜单,但"图层面板"针对色彩的处理也有其独特魅力的一面。这便是 Photoshop 较之于其他图像编辑软件的强大之处。

3.1
"图像"\"调整"菜单

　　图片的明暗调整有整体加亮、减暗,也有增加或减弱明暗对比度的两种现象。什么情况下需整体加亮呢,画面整体偏暗,但仍保持着一定的明暗对比度,便可整体加亮,这时仅用"亮度 / 对比度"调节便可,但很多情况下,在整体加亮的同时,暗部变灰了,因此得有选择地运用选项命令。

3.1.1　色阶

　　"色阶"可分别调整画面的亮部、暗部及灰度部分。

　　图 3.1.1:在色阶调节面板的中间有三个含黑白灰的小三角,黑色小三角代表图片的暗部,灰色小三角代表图片的中间色调,白色小三角代表图片的亮部。"输入色阶"代表加法,即增加画面的明暗对比度。将右边的白色三角滑块往左边方向移动,画面变亮。

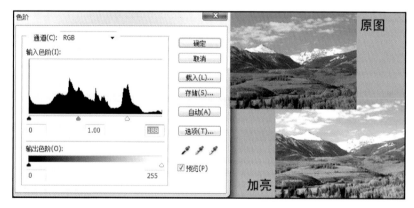

图 3.1.1

　　"输出色阶"则减弱明暗关系。

　　图 3.1.2:将左边的黑色三角滑块往右边方向移动,画面变暗。

　　色阶面板的"通道"一栏里含有 RGB 和红、绿、蓝四个调节项,RGB 仅调节画面的明暗度,对色彩没有明显的影

图 3.1.2

响。读者可尝试对红、绿、蓝三个色彩分别进行调节。

图 3.1.3：(a)原图；(b)RGB 调整；(c)先调整 RGB 的对比度,然后分别调整红绿蓝三色。

在图 3.1.3(d)里,"自动色阶"是将通道栏里的四项都调节了,和图 3.1.3(c)的手动调节异曲同工。

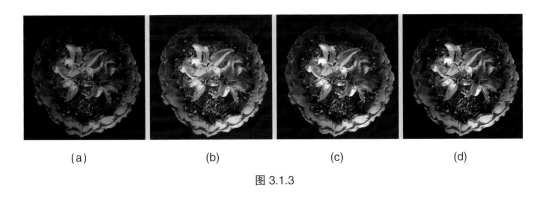

| (a) | (b) | (c) | (d) |

图 3.1.3

3.1.2 曲线

"曲线"和"色阶"有相似之处,"通道"一栏里也含有 RGB 和红、绿、蓝四个调节项。

图 3.1.4：当"RGB"整体加亮后,暗部仍保持着一定的深度,这种对比是很理想的。

图 3.1.5：如果在线段的中间加入一个点,可以分别调整亮部或暗部的范围。点的左下方为暗部范围,点的右上方为亮部范围。该图为暗部加亮调整,读者可做一个相反的练习,即亮部加亮。

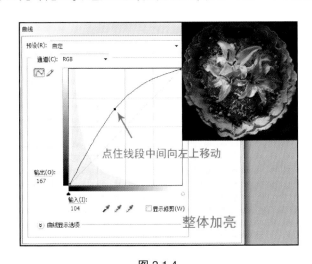

图 3.1.4

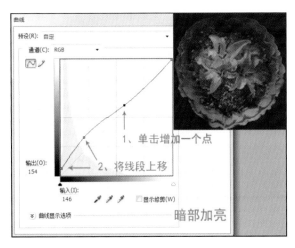

图 3.1.5

图 3.1.6：曲线练习。在图 3.1.6 中,左边运行的"自动色阶"选项,右边是在"曲线"里进行了 RGB、红色、绿色、蓝色的四项调整,其结果基本相似。读者可做这个练习。

因为要做两个练习,须有两幅原图。方法是打开文件"花卉",在"图像"菜单里运行"复制"命令,便产生了两幅原图。先将其中一幅做自动色阶处理,再将另一幅运用"曲线"进行 RGB、红色、绿色、蓝色的四项调整,争取和"自动色阶"的明暗度、色彩大致相同。

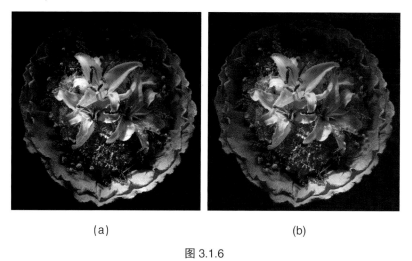

(a)　　　　　　　　　　　(b)

图 3.1.6

3.3.3　色相/饱和度

色相指颜色的名称,如红、黄、蓝等。饱和度指色彩的鲜艳程度。在"色相 / 饱和度"面板里,"编辑"栏里处在"全图"时,调节面板里的三项命令,可对整个画的色彩、饱和度和亮度的三项进行调节。

图 3.1.7:在"编辑"栏里处在"全图"或"默认值"时,"色相"调节杆往左或往右,画面的整体产生了不同的色彩变化。如果在"编辑"栏里选择了某一颜色,调节只针对画面的某一颜色产生变化。

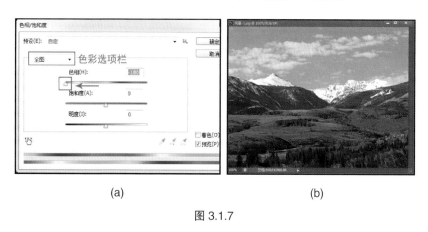

(a)　　　　　　　　　　　(b)

图 3.1.7

面板的下方有两条色带,上边的色带显示了调节前各种颜色所处的位置,下边的色带显示了调节后的颜色变化。下面通过对该图具体颜色的调节来熟悉"色相 / 饱和度"的用法。

打开图 3.1.8 所示的图片。假如要将此图改为深秋的暖色调,主要是改变绿色植被的颜色。

在"编辑"窗口里选择"绿色",将"色相"调节钮向左移动使绿色偏红。

图 3.1.9:从中看到,前面的一些植物没有变化,这是因为这些植物的绿色成份不多,黄的成份多一些。

在面板下排色带里将左边的滑钮往黄色部位移动,以扩展调色范围,同时观察画面的色彩变化。其中左下角红框内是调节时的数据变化,供参考。

图 3.1.10:远处山坡的颜色还没变化。选择面板里含"+"符号的吸管工具,在图片中方框内的绿色部位点击一下使其色彩变化。

图 3.1.8

图 3.1.9

图 3.1.10

调节一下其中左下角红框内的调节钮,观察画面的色彩变化。面板红框内的数据变化可做参考。

图 3.1.11:做到这一步暂告一段落。远处山坡的颜色并不理想,这是因为这个区域的颜色成份较复杂,含有绿色、黄色、青色等,调节过度对天空等区域会有影响,因此留待后一步进行综合调整。

读者可重命名来保存目前的调节过程。

图 3.1.12:在面板的右下角有一个"着色"的选项,对此选项勾选,画面变成了单色,这个单色的色彩由工具栏里的前景色所决定,前景色是一种什么色彩,在勾选后,画面便成为一种什么色彩。

图 3.1.11

图 3.1.12

3.1.4　替换颜色

"替换颜色"可以说是"色相／饱和度"程序的一种延伸,是一个局部改色的程序。

打开文件"植物－枯枝绿叶",将绿叶改成红叶。

图 3.1.13:打开"替换颜色"面板,将红框内的吸管工具在绿叶中单击,面板上方的"颜色"框内成为了刚才点取的绿色。预览区内出现了黑色的背景和白色的叶子,这里的黑色象征着选区以外,白色部分表示选区的部分,预览区内的选区部分是叶子,色彩调节只对白色选区的叶子起作用。

选区部分的叶子白的不完整,里面还夹杂着一点灰色和黑色,说明叶子的选区还没到位。

图 3.1.14:选择带"+"符号的吸管,在叶子的暗部和亮部多点选几次,让叶子的选区大致完整。当然,叶子的暗部和树枝的的某些暗部会相似,叶子的高光区域和冷灰色的背景也有相似之处,因而在让叶子选区完善的同时,或多或少地会对背景有些影响,致使背景黑的不纯粹了,但关系不大。

将"色相"的调节钮往左移动,叶子红了,冷灰色的背景也跟着有少许偏暖,暂且不必理会。

面板里带"－"号的吸管是在叶子以外的选区过于明显时,用该吸管在预览区内的背景浅色部分点击,以还原选区在背景里的多余选区。

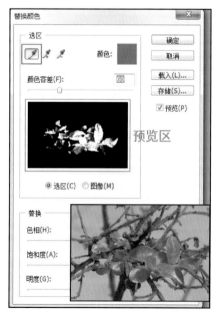

图 3.1.13

图 3.1.14

下面继续用"替换颜色"程序来进行上一幅图的练习。

图 3.1.15：打开刚才存储过的风景图片。远处山坡的绿色因为成分复杂，很难一次到位，尤其里面的青色对天空有影响，因此最好将天空和左边雪山框选（例图里为了便于看清框选的范围，特将选区内蒙上透明的红色以便看清选区的范围）。按"Ctrl+J"组合键复制选区内的图层。

图 3.1.16：复制了图层后回到背景图层，打开"替换颜色"面板，用带"+"符号的吸管多次点选远处的绿色山坡，调节"色相"时不要过度，以免生硬、适得其反。做到这里继续保存，还得用其他的程序继续完成。

这幅图的调节过程有些复杂，但通过这些应用对程序是一个很好的学习过程。的确，有时要解决一个问题得运用多种途径方能达到想要的结果，这既说明了艺术工作的艰辛，又体现了 Photoshop 软件的强大。

面板里"颜色容差"数据的大小代表了选取色彩范围的大小。

图 3.1.15

图 3.1.16

3.1.5　色彩平衡

"色彩平衡"是对整个画面的色彩进行 6 种颜色的调节，从字面上便不难理解。在这里主要对刚才练习的风景图片的天空进行调节。该程序虽简单，但要将天空调整完善还需下点功夫。

图 3.1.17：选择复制的天空图层，先让该图层产生选区（在"选择"菜单里点击"载入选区"命令）。天空产生选区后，将"多边形套索工具"的羽化为 1，配合"从选区减去"的选项减去蓝色雪山的部分。

图 3.1.18：当地面偏红后，天空的蓝色也应略偏红以协调画面。将"蓝色"的调节钮往"蓝色"方向移动。

接着可以用"色阶"加强一些蓝天白云的对比度。

图 3.1.17

图 3.1.18

图 3.1.19:让天空产生一点色彩过渡。

选择工具栏里"橡皮擦"工具,"画笔"大小为 200 左右,"不透明度"低于百分之 30,在天空的下沿左右来回涂抹几次,直到露出原来的青蓝色天空便可。

继续保存此图,有待完善。

图 3.1.19

色彩知识补充:天空的这个处理使上部分偏紫蓝,下部分偏青蓝。上部分的紫蓝含有偏红的成分,下部分的青蓝含有偏绿的成分,上下蕴含了红绿对比的因素,同时被整个的蓝色统一着,既对比,又统一,并且上部分的"红"和地面的红形成了呼应,生动地体现了色彩构成的内在艺术规律。

3.1.6 可选颜色

"可选颜色"也是针对画面中的某一类型的色彩进行调节。继续通过上一节的练习来完成对该程序的理解。

图 3.1.20:继续攻克远山的绿色。选择背景层。打开"可选颜色"面板,在"颜色"窗口里选择"绿色",将面板下边的"绝对"勾选,调整范围仅针对绿色。

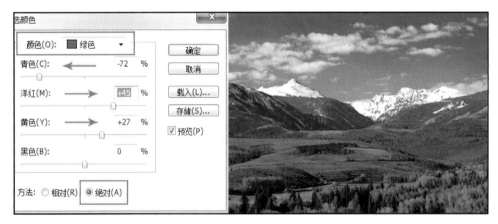

图 3.1.20

减去绿色中的青色成分:将"青色"滑钮往负数方向拖移。

添加暖色:将"洋红"、"黄色"滑钮往正数方向拖移,远山黄了。

"可选颜色"针对印刷任务的调色是很重要的,作为面料设计专业,可能会使用到数码印染技术的设备,有些设备需要用 CMYK 的图像模式操作,和印刷有相似之处。CMYK 模式喷印出来的颜色和显示屏中呈现的颜色大相径庭,如在显示屏中看到的 RGB 模式的黑色,印染后呈现的可能是褐色、紫灰色等。下面来举例说明这种现象。

图 3.1.21:在"拾色器"的最左下角选取了黑色,前景色呈现了黑色,如果是一般的打印机打印出来的颜色会是黑色,而通过 CMYK 的数据在印刷色标里查找显示的却是深褐色(见图 3.1.21 中蓝框处)。在印刷色标里查找的黑色数据是 CMY 都为 100,K(黑色)的数据为 80。在数码印花机里,如果 CMY 都为 0,K 为 100,黑色在布上会有透明状,显得不足,因而得将 CMY 各补充 30%左右的墨量。

下面针对一幅面料的手绘作品来分析有关 CMYK 颜色的数据。

图 3.1.22:打开文件:"色彩数据"。首先在"图像"菜单里点击"模式",选择"CMYK 颜色"模式转换图片。

图 3.1.23:分析黑色。选择工具栏里"吸管工具",在图中红箭头所指的黑色处单击一下,再单击"前景色",从"拾色器"里看到 CMYK 的数据分别为 84、89、86、76(见图 3.1.23 左下),显然没达到前面所说的黑色数据要求,CMY 数据的不一致会导致印刷的偏色现象(这里提示一下,现在的印刷中专门添加了一种黑色,不需其他的颜色混合,这种黑色称为"专色",像金色、银色等特殊的颜色都称为"专色")。

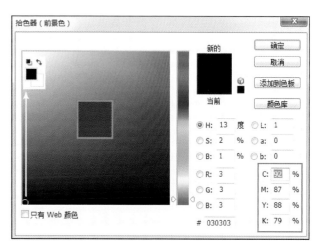

图 3.1.21

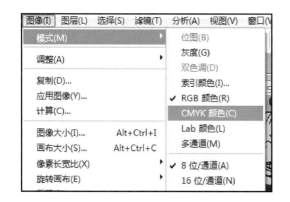

图 3.1.22

图 3.1.23

图 3.1.24:下面可以通过"可选颜色"程序来调整画面的黑色。

打开"可选颜色"面板,在"颜色"一栏里选择"黑色","方法"仍然勾选"绝对"。作为数码印染的黑色数据,"黑色"接近100,CMY 大约为 40、30、20。这组数据是通过实际操作中总结的数据,某些数码印花机的型号不一样,色彩数据会略有区别。

将青色、洋红、黄色、黑色四项的调节数据如图(难以一次调对,可以反复调节几次),调节后,用"吸管工具"点取画面中的黑色,再单击"前景色",在弹出的拾色器面板里得出

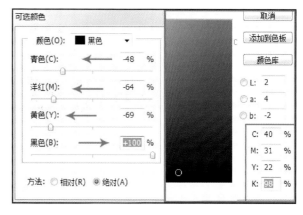

图 3.1.24

了图中红框内的一组数据。这组数据通过喷印、汽蒸、清洗的后处理工艺后呈现的是黑色。

下面来检测白色。

白色，一定要使 CMYK 都为 0，如果某一个数字不为 0，即使用普通的打印机在白纸上也会留下色点。

图 3.1.25：用"吸管工具"单击画面的白色，拾色器里 CMYK 得到了 0 以上的数据，显然，这是因为对作品拍照的缘故，使白色不白，必须得调整画面的各色数据使其都为 0。

图 3.1.26：在"可选颜色"面板里选择"白色"，将下面 4 组颜色的调节钮向左拖移到头。

 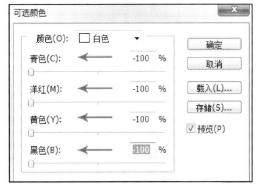

图 3.1.25　　　　　　　　　　　　　　　　图 3.1.26

图 3.1.27：显示的数据为 2、2、2、0，如图 3.1.27(a)。白色还没到 0。继续在"可选颜色"面板里重复刚才的操作，致使都为 0。

当然，也可将白色用魔棒工具选取，再填充白色也是一种办法。

下面再来检测黄色。

关于"黄色"，撇开偏绿的黄不谈，当 Y 为 100，其余皆为 0 时，呈现的是最纯粹的黄，加入了 M 的数据后便开始为暖黄，M 的数据在 40~60 时为橘黄，M 的数据在 70~80 时为橘红，M 到 100 时为大红。

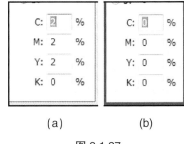

(a)　　　　(b)

图 3.1.27

图 3.1.28：假使需要该画面的黄为偏暖的纯黄，通过检测发现 Y 只有 73，C(青色)的数据太多，显而易见这个黄色偏绿，CMY 三种颜色的混合使黄色有点杂。

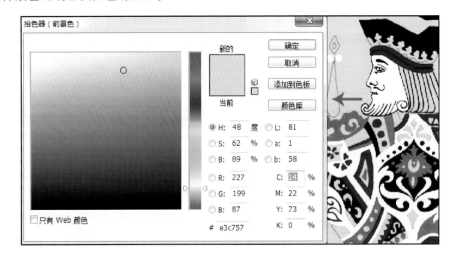

图 3.1.28

图 3.1.29：在"可选颜色"面板里选择"黄色"，将青色的调节钮向左拖移到头，减去蓝色的成分，将黄色的调节钮向右拖移到头，得到的数据如图 3.1.29 右边。这组数据还没完全到位，可以再重复一次刚才的操作，让青色为 0，Y

（黄色）为 100。

如果打开一张天空是一片白色的风景图片,想让白色偏一点青蓝色,可以在该面板里选择"白色",将"青色"增加,使天空有了一点颜色。

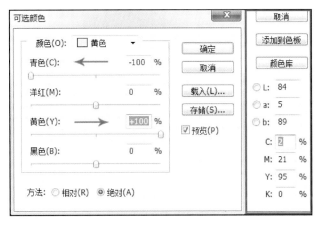

图 3.1.29

3.1.7　匹配颜色

"匹配颜色"是打开两幅不同色调的画面,将其中一幅画面的色调用到另一幅需要改变色调的画面。

打开文件:图 3.1.30(a)(b)的两幅图片。将保留图 3.1.30(a)的形体,再借用图 3.1.30(b)的颜色替换到图 3.1.30(a)里。

打开"匹配颜色"面板,单击"源"一栏的选项,点选要借用色调的图 3.1.30(b),确定。完成的效果如图 3.1.30(c)右上。

有关"图像"\"调整"的基本内容暂告一段落。很多有关图片效果的改善还得借助于图层面板中的一些功能,下一步的学习将逐渐引向深入。

(a)

(b)

(c)

图 3.1.30

3.2
图像综合编辑

3.2.1　强化照片一

在拍摄风景时，由于某些原因导致照片发灰，其原因来自于隔着玻璃、有雾或曝光不精准等因素。这时可通过后期调整来强化图片的对比效果。打开图 3.2.1(a)，这幅照片就是隔着绿色玻璃拍摄的，加上玻璃的不洁净导致图片发灰、偏色。

在"图像"\"调整"菜单里来一次"自动色阶"的操作以强化图片。图 3.2.1(b)：通过自动色阶后画面得到改善，但天空的层次不明显，这有些可惜，下面将加强天空的对比。选择"魔棒工具"，在辅助栏里保证"连续"被勾选，在天空里点击，没选到位的地方运用"添加到选区"再点选一次。

按"Crtl+J"组合键拷贝一个天空层。图层面板里多了一个天空的图层。

(a)

(b)

图 3.2.1

图 3.2.2：将该图层"正片叠底"以强化天空的层次。

图 3.2.3：用"橡皮擦工具"在天空的下部分涂抹，以透出原来天空的亮度，同时抹去了选区下边缘溢出的部分。橡皮擦工具的数据见例图上边的辅助栏。

图 3.2.4：回到背景层，在"曲线"面板里按住线段的中间向下拖移一点以加强画面的厚重感，再合并图层，完成了强化图片的过程。

图 3.2.2

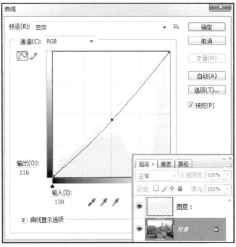

图 3.2.3 图 3.2.4

3.2.2 强化照片二

打开图 3.2.5(a)。这幅照片因曝光的原因导致照片过亮。这幅图用自动色阶等程序难以到位,因而得借助图层面板里的功能。

图 3.2.5(b):按"Crtl+J"组合键拷贝图层,将拷贝的图层执行"正片叠底"命令,画面厚重了。

(a) (b)

图 3.2.5

图 3.2.6:合并图像,给天空润色。

在图层面板里新建一个图层,再回到背景图层。选择魔棒工具,将辅助栏里"容差"调至 12(减少容差,以免将天空以外的部分选取)。魔棒点选天空,如有没选到的地方再配合"添加选区"点选天空里没选到的位置。

图 3.2.7:将前景色调成天蓝色。选择工具栏里"渐变工具",在"渐变拾色器"里选择"前景到透明"的模式。

图 3.2.8:回到图层面板里新建的图层,从画面的顶部向右下拉渐变,渐变的起点和止点如图(渐变的起止点根据光源的方向而定)。

图 3.2.6

图 3.2.9：天空的色彩可以根据情况选择颜色，并调节该 层的透明度或饱和度，让色彩自然。

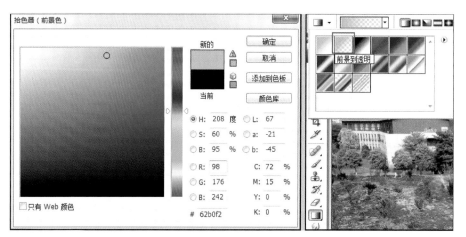

图 3.2.7

图 3.2.8

图 3.2.9

3.2.3　强化照片三

打开图 3.2.10(a)。这是一张灰暗天空下拍的照片，仅靠"调整"菜单的程序难以达到理想的效果，仍需配合图层面板里的图层混合模式来完成。

图 3.2.10(b)：选择"曲线"命令，在"曲线"面板里将曲线的中心点往亮处偏移至 119 左右(见其中红框内的数据)以加亮画面。

(a)

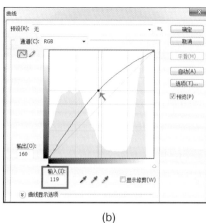

(b)

图 3.2.10

图 3.2. 11：按"Crtl+J"组合键拷贝背景层，将拷贝的背景层执行"柔光"命令，画面的色彩强化了。

图 3.2.11

图 3.2.12：①将"柔光"层增加饱和度，数据为 +40 左右；②在"色阶"面板里将中间的调节钮往左偏移约 1.16，使中间色偏亮，再合并图层。在"色相 / 饱和度"里再增加"黄色"的饱和度。

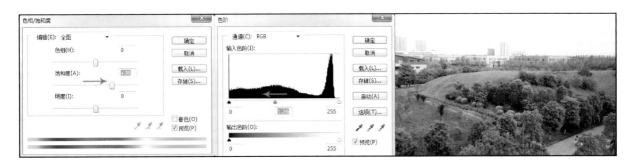

图 3.2.12

图 3.2.13，将灰白的天空加点色：打开"图像"菜单里的"可选颜色"面板，在"颜色"一栏里选择 "白色"，将"青色"调节钮向右偏移 +9 左右。

可以新建一图层，在天空里来一道"前景到透明"的蓝色渐变，再调整渐变的透明度。

图 3.2.13

3.2.4　服装加图案

图层面板里的图层混合模式是一种经过完全透明了的效果叠加功能，对画面的增强很有帮助。

打开第 2 章"选区综合应用"里做的选区中的"PSD"文件。调出这个文件完成下一步为服装添加图案的练习。

先将衣服产生选区。

图 3.2.14：选择人物图层，在菜单里执行"选择"\"载入选区"命令，选区选取了整个人物。用"魔棒工具"配合"从

选区减去"符号减去衣服以外人的部分,没减完整的地方用"多边形套索工具"配合"从选区减去"符号减去多余的选区,仅剩下服装的选区。

图 3.2.14

完成服装的选区后,按"Crtl+J"组合键拷贝一个服装层。

图 3.2.15:可以将衣服再拷贝一层,在图层混合模式里运行"正片叠底",加强衣服层次的厚重感。

打开花布图片。这是一副四方连续的单位纹样,即四周可以相连。将其拖入画面的右下角。在图层面板里将最上层白边的图层关闭,避免干扰。

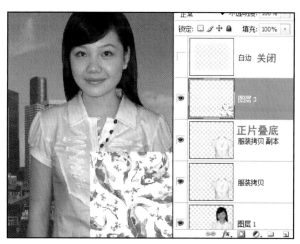

图 3.2.15

图 3.2.16:将花布拷贝三次,成为扩展了的正方形,将这四块花布合并。

图 3.2.17:选择拷贝的服装图层,运行菜单"选择"\"载入选区"命令,产生了服装的选区。

图 3.2.16

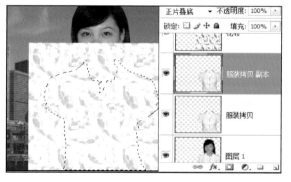

图 3.2.17

图 3.2.18：选择花布图层，按"Crtl+J"组合键拷贝花布，形成含服装形状的花布。将花布图层关闭或删除。将拷贝的含服装形状的花布执行"正片叠底"命令，完成服装加图案的过程。

在"色相 / 饱和度"里可试试改变图案的色彩(见"图 3.2.19")。

图 3.2.18

图 3.2.19

3.2.5　人物综合调整

人像调整、修饰是一项常用的操作。尤其针对女性的照片，在网上称为"磨皮"。而"磨皮"有专门的滤镜插件，需下载。这里运用常规的程序来完成这项工作。"预览图"为调节前后的比较。

打开图 3.2.20(a)的图片。

1. 修复皮肤"污点"

图 3.2.20：选择工具栏里"污点修复画笔工具"，"直径"和"间距"数据见例图，在画面的三个箭头所指的污点处单击，快速修复了"污点"。

"污点修复画笔工具"虽方便快捷，但不是所有的"污点"都能胜任的，可以更换修复的工具。

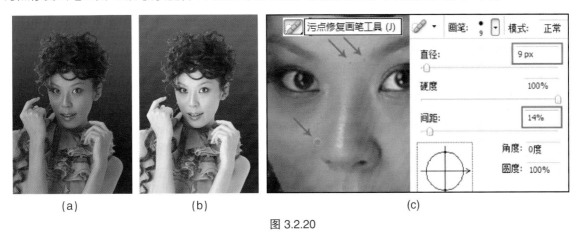

(a)　　　　　　　(b)　　　　　　　　　　(c)

图 3.2.20

图 3.2.21：选择工具栏里"仿制图章工具"，"画笔"大小约 9，将光标放在和"污点"肤色相近的颜色位置，按下"Alt"键，单击鼠标左键(作用是拾取此处的颜色)，再松开按键，将光标移到"污点"处点击鼠标左键，将污点覆盖，一次没有到位，可以再重复操作，但要注意变换拾色的位置，否则覆盖的颜色会不符(这里可以多反复尝试一下)。

图 3.2.21

2. 皮肤柔化

图 3.2.22：用魔棒将人物皮肤产生选区，没选到位之处需添加选区连选。用"多边形套索工具"减去嘴唇的选区（避免嘴唇的纹理被模糊）。

所说的"柔化"其实就是模糊，滤镜里有多种模糊的命令。这里仅用"表面模糊"。表面模糊就是使色彩色差相近的部位模糊，反差大的地方基本不受影响。

图 3.2.23：选择"滤镜"\"模糊"\"表面模糊"命令，根据图 3.2.23 中的数据进行调节（数据大了会影响到轮廓）。完成后取消选区。

图 3.2.22   图 3.2.23

3. 皮肤加亮

有时加亮不是一种程序就能完成的，得分析、尝试后进行综合运用。

图 3.2.24：先让人物产生选区。人物的层次变化很复杂，要使人物产生选区是有难度的，可以先产生背景的选区，再"反向"将选区转换到人物。继续选择"魔棒工具"，将魔棒辅助选项"连续"的勾选关闭，先用魔棒单击背景的上部分，再逐渐往下添加选区，到了背景的下部分时再将"连续"勾选，以免选到人物的暗部。

选区完成后，执行菜单"选择"\"反向"命令，将选区转换到人物。

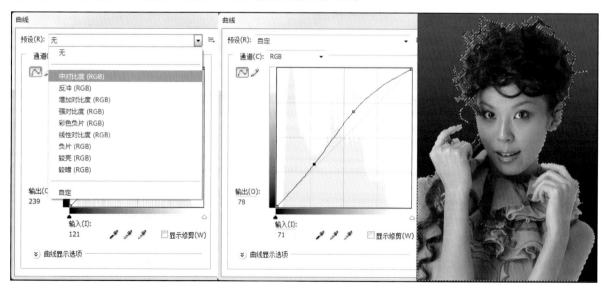

图 3.2.24

打开"曲线"面板,在面板最上方的"预设"栏里选择"中对比度"程序,线段会出现两个点,先将下面表示暗部的点往上移,提高暗部的亮度,再将上面表示亮部的点往上移,提高亮部的亮度,皮肤的明暗对比加强了。

图 3.2.25:打开"替换颜色"面板,用第一个吸管选取皮肤的颜色,再用带"+"号的吸管继续点选皮肤中没有被选到的位置,一直到面板里的选区预览图里皮肤区域大致都呈白色。

在面板的下方调节"明度",使皮肤进一步加亮。

图 3.2.25

图 3.2.26:几次亮部的调节致使皮肤以外的某些部分也变亮了,比如头发左边的高光以及服装,可以让这两处暗一点,换一种工具来减暗。

选择工具栏里"历史记录画笔工具",在头发左边的亮光处多次涂抹,可以看到亮部明显在偏暗。这里不要误解为该工具可以减暗,该工具是一个还原原画面的工具,涂抹处还原了最初打开画面时的明暗度,但是如果中途保存、关闭后再打开这幅图,这个工具便失去了作用。

服装也比原画面亮了一点,如想还原到原来的明暗度,也可用该工具继续涂抹服装部分。

图 3.2.27 是将人物运行了一次"曲线"调亮,再将选区"反向"选择背景,用"色相 / 饱和度"调整使背景改变颜

图 3.2.26

图 3.2.27

色,调整的数据如图 3.2.28 所示。

　　通过以上的学习知道,一幅图像的编辑可以运用多种程序来完成,其中图层混合选项是一个重要的功能,而选区更是一项必不可少、时刻都需要的功能。当掌握了一些程序后,碰到一个要编辑的图形时,得思考运用哪些程序来完成,而一项编辑任务并非仅一种途径,就像取消选区,可以用选区工具取消,也可按"Ctrl+D"组合键取消。灵活运用程序的前提是多练习方能熟练。

图 3.2.28

思考题

打开图 3.2.29(a),根据例图右边的图层面板里提示的条件完成该图的亮化。

(b)

(a)

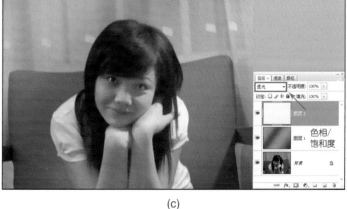

(c)

图 3.2.29

第 4 章

综合应用练习

ZONGHE YINGYONG LIANXI

课时:12课时。

目的:进一步扩展工具与程序的综合应用。

重点:通道与蒙版。

4.1
动作面板

动作面板是为一个图片编辑的过程作记录,好比录像。以后的一批图片如要重复这个编辑过程,可以用"播放录像"来完成同样的编辑过程。这种多幅图片用同一编辑的形式称为"批处理"。

打开图4.1.1所示图片,将加亮这个图片。在第3章思考题的步骤(b)里是在要加亮的图片上层新建一个图层,填充浅色,将这个浅色运用"柔光"选项,画面便亮了。下面将这个功能配合"图像"菜单里的"阴影/高光"功能来加亮画面。

图4.1.1:图片打开后,选择"动作"面板,单击面板里的"创建新动作"符号,弹出了一个"新建动作"的面板,在"名称"一栏里输入"调亮"的名称,再单击"记录"。

图4.1.2:当单击了"记录"后,动作面板下排的"开始记录"圆形符号变为红色,表示已开始记录(好比录像开始)。

图 4.1.1

图 4.1.2

选择"图像"菜单,选择"阴影 / 高光"命令,弹出了"阴影 / 高光"面板,将"阴影"调节钮从默认的 50 往左调到 20 左右,让明暗适中。这时在动作面板里记录了第一条操作信息。

图 4.1.3:继续加亮。新建一图层,填充白色,将白色执行"柔光",再将"不透明度"调低。这一系列的操作都被"记录在案"。

图 4.1.4:将图层合并,重新找一个文件夹并"存储",便完成了操作,紧接着单击面板里的"停止播放 / 记录"按钮以关闭记录程序。

图 4.1.3   图 4.1.4

图 4.1.5:关闭操作完成的图片,接着一次性打开文件夹里其余的 6 幅图片。

单击"动作"面板里刚建立的"调亮"名称一栏。如果这时单击面板下方的三角形播放钮,记录过程仅对一幅图片操作,现在要一次性完成 6 幅图的操作。

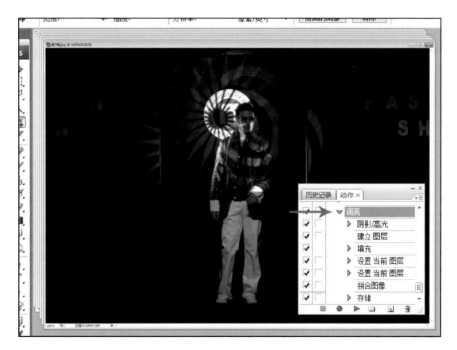

图 4.1.5

图 4.1.6:单击"文件"菜单,单击"自动"命令,单击"批处理",弹出一个"批处理"的面板,在"源"的一栏里选择"打开的文件",再单击"确定",便一次性完成了 6 幅图的加亮操作。

图 4.1.6

4.2
图片拼接

图片拼接的需求时有产生，比如用照相机拍摄一幅广阔的景色，手头又没有广角镜头，便可以分两次或多次连接拍摄。手机虽然有全景拍摄模式，但成像后的像素自动缩小了，可能不符合需要大图的需求。

图 4.2.1 所示的图片便是一辆汽车的两幅局部图片。当然，如果两幅图片的透视差异较大，拼接后变形较厉害，得运用"变换"里的几个命令进行拉扯修正。

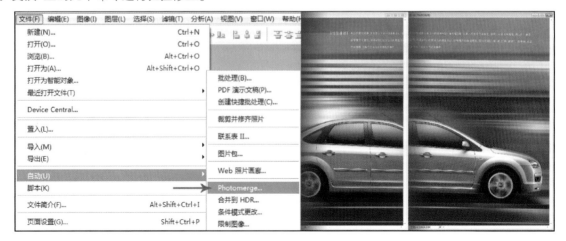

图 4.2.1

图 4.2.1：打开两幅图片。

选择"文件"菜单，执行"自动"\"Photomerge"命令。

图 4.2.2：弹出一个"照片合并"面板，单击面板里"添加打开的文件"命令，面板中间会出现两幅图片的文件名，单击"确定"，照片会进行一个自动拼接的过程。如果照片的像素很大，拼接的时间过程会长一些。

图 4.2.2 中右下便是拼接后的效果，可以看到画面有些往顺时针的方向倾斜，需要做点旋转校正。

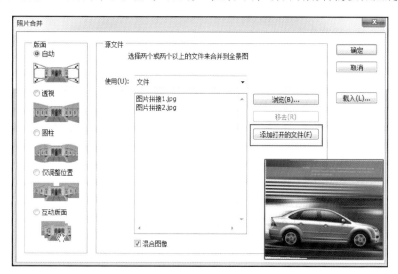

图 4.2.2

图 4.2.3：选择菜单"图像"\"旋转画布"\"任意角度"命令，在弹出的"旋转画布" 面板里点选逆时针选项，在"角度"的数据栏里输入 0.9，确定。

这个数据是估计的，并不准确，观察画面，如果旋转没到位，可以再输入一次小一些的数据，再观察画面的水平状态。

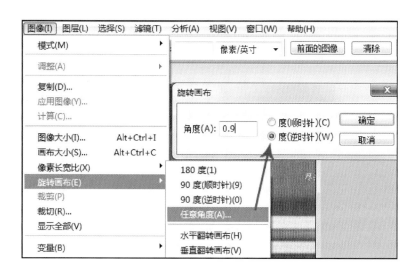

图 4.2.3

图 4.2.4：完成后用"裁剪工具"框选画面进行裁剪。为了让车前面稍留有空间，裁剪框的右边缘可以跑出画外一点，然后按回车键完成裁剪，接着合并图层（拼合图像）。

图 4.2.5：右上角的空白可以用"涂抹工具"按住鼠标左键往右拖移多次，也可用矩形选区框选一块拷贝，再往右移动覆盖住空白、合并，拼接操作完成。

图 4.2.4　　　　　　　　　　　　　　　　　　　　　图 4.2.5

4.3
描边创意

"描边"（编辑菜单内）是一个常用的工具。如本书例图里面的红框都是用的描边。描边用法简单，比如框选了一个矩形或圆形选区后，选择描边命令即可完成，描边的色彩都来自于前景色，描边的粗细可根据需要来输入数字。描边有三种方式：选区内描边（"内部"）；以选区为中线描边（"居中"）；沿着选区外边缘描边（"居外"）。先简单做一个牌子来熟悉描边的功能（见图 4.3.1）。

图 4.3.1

第一步：新建 600 像素 × 400 像素的纸张，选择"铜色渐变"，渐变后降低饱和度，降低色阶的对比度（在"色阶"面板下面的一行调节）。

第二步：新建一图层，用"吸管工具"点选画面里的中间色，产生相似的"前景色"。按"Ctrl+A"组合键使画面整体产生选区。在"编辑"菜单里选择"描边"命令，点取"内部"，描边"宽度"12 左右，暂保留选区。

第三步：在图层面板里完成投影和浮雕效果。

第四步：用"减淡工具"在边框里涂抹一点亮光。

再输入文字。注意，键入的文字属适量文件，给文字加高光须在图层面板里用鼠标右键单击该层，在弹出的面板里执行"栅格化文字"命令才能操作。

图 4.3.1：仅简述了"描边"的用法，下面做一个较复杂的程序来充分发挥"描边"的功能（参考本节的完成图）。

图 4.3.2：新建宽 900 像素、高 1200 像素的纸张，打开"滤镜"菜单，执行"渲染"\"分层云彩"命令。

图 4.3.3：画面出现了"云彩"状。打开文件"纹理 – 报纸"的图片，将刚才做的云彩拖入报纸画面的左上角。用"自由变换"命令将云彩拉满整个报纸的画面。

图 4.3.2　　　　　　　　　　　　　　图 4.3.3

产生的云彩和图例会不一致,这没关系。

图 4.3.4:选择"魔棒工具",将辅助栏里"连续"的勾选去掉,点取云的白色处。选区可能不够大,继续用魔棒配合"添加到选区"项在选区的外边缘处添加一次选区,让选区扩大一点。

图 4.3.5:关闭云彩层。鼠标左键双击图层面板里的背景层以激活背景层。按删除键删除选区内的报纸。

图 4.3.4　　　　　　　　　　　　　　图 4.3.5

图 4.3.6:新建一图层,将这个层拖移到报纸的下层,填充蓝灰色。可以将云彩图层删掉。

图 4.3.7:单击报纸图层,在"选择"菜单里执行"载入选区"命令,让报纸产生选区。

图 4.3.8:新建一图层,在拾色器面板里寻找类似于烧焦了的颜色。

图 4.3.9:执行菜单"编辑"\"描边"命令,在"描边"面板里键入"宽度"为15,"位置"栏里选择"内部",确定,完成第一道描边。注意保留选区。

图 4.3.10:将描边进行"高斯模糊",数值为 6.5。

图 4.3.11:再新建一图层,在拾色器面板里选择更深一点的颜色进行第二次描边,第二次描边粗细的数值为6,

图 4.3.6

图 4.3.7

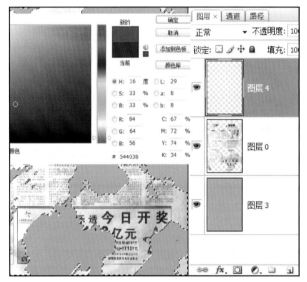

图 4.3.8

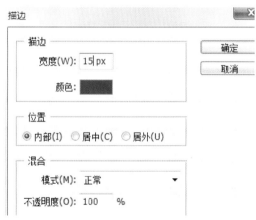

图 4.3.9

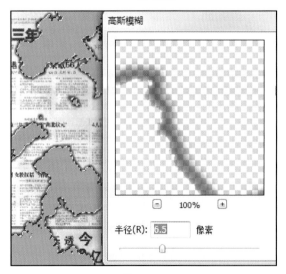

图 4.3.10

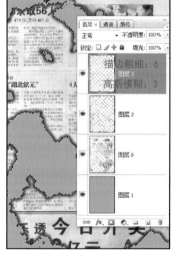

图 4.3.11

再进行"高斯模糊",模糊数值为 3 左右。

保留选区进行模糊处理时,可以让紧贴选区的部位保持清晰状。

取消选区。图 4.3.12 是为烧残缺的报纸做个投影。将报纸层复制一个图层,选择下面的报纸图层,在"选择"菜单里单击"载入选区"命令,填充深色,取消选区,将该层往画面的下方拖移一点,再进行"高斯模糊",数值为 9 左右,透明度为 70% 左右,拉开了报纸和蓝背景的空间。

图 4.3.13 是完成的画面,可以将四周裁掉一圈以去掉四周多余的直线描边。

其中两次描边的深浅和粗细都有区别,以增加烧焦痕迹的过渡效果。如果还想做得生动,可以将描边图层和报纸图层合并,让该层产生选区,用"画笔工具"点按或涂抹以产生大面积熏烤的效果。

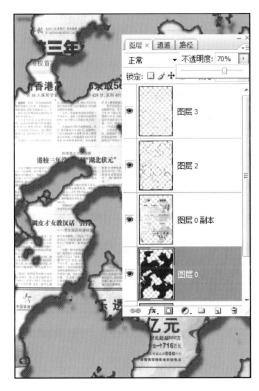

图 4.3.12

图 4.3.13

4.4
透明窗帘

本部分的重点在通道和图层蒙版,通过这两项功能可以让窗帘透明。

图 4.4.1:打开图片,将窗帘拖入风景图片中(注意图层面板里保持窗帘的图层为当前层)。

图 4.4.2:进入"通道"面板,将蓝通道图层拖入"创建新通道"的符号里,产生了一个"蓝副本"的图层(选择红、绿也可)。

图 4.4.1

图 4.4.2

这一步很关键:按住 Ctrl 键,用鼠标左键单击"蓝副本"图层,使画面产生选区。

图 4.4.3:单击"RGB"图层,恢复画面的色彩。

图 4.4.4:进入"图层"面板,单击面板下方"添加矢量蒙版"符号,使窗帘图层增加了一个蒙版的窗口。

当增加了蒙版后,窗帘便透明了。

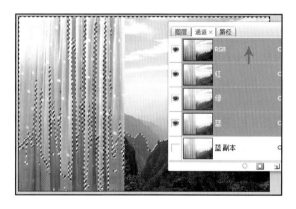

图 4.4.3

图 4.4.4

图 4.4.5 便是透明的效果。复制一个窗帘拖到画面的右边,通过移动调整、自由变换使两个窗帘不对称,完成的画面见图 4.4.6。

图 4.4.2 中提到的关键步骤也是后面练习中的关键步骤,须留意和关注。

关于图层蒙版,再通过一个例子来加深应用。

图 4.4.5

图 4.4.6

图 4.4.7：打开图 4.4.7 中的图片，在图层面板里将背景层复制。

按"Ctrl+I"组合健将图片反相（等于菜单的"图像"\"调整"\"反相"命令）。

图 4.4.8：在图层面板里点击"添加图层蒙版"符号。

图 4.4.7   图 4.4.8

这里有一个现象需注意，本来有一步调整色相的步骤，当添加了图层蒙版后，做色相的调整被限制了，包括其他有关色彩调节的选项命令都成了灰色，限制其操作。这是因为该图层中的蒙版预览窗也有一个被选中或未被选中的现象，当用鼠标在蒙版预览窗旁边的蓝色部位单击，便选择的是图层，蒙版预览窗的外框成为了单线，表示不能进行蒙版的操作（图 4.4.8 中的蒙版预览窗外框是双线，表示可以进行蒙版操作）。现在要补充一个色相的操作，因而需单击蓝色的图层（见图 4.4.9 中箭头所示的位置），便能进行"图像"菜单里的一些操作。色相的调节数据见红框内，改变了画面的色调。

图 4.4.9

下面要进行蒙版的渐变操作。

当添加了图层蒙版后，前景色和背景色转换成了黑白的颜色，这个黑色这时不代表黑色，而是代表透明，白色则代表不透明。当用画笔涂抹一块黑色，实际上是给画面涂抹了一块透明，透明后，再用白色涂抹透明处，又可还原到不透明的状态。当拉一个由黑到白的渐变后，画面出现了由透明到不透明的状态。但一定要选择由前景色到背景色的渐变模式。

图 4.4.10：单击蒙版预览窗内，选择"渐变工具"，保持前景色为黑色，按住控制键，由画面的底部往上拉至画面

的顶部,渐变后的效果如图 4.4.11 所示。下部分透明了,露出了原画面的色彩。

图4.4.10

图4.4.11

将这个反相过的图层再反相回来没有什么意义,可以试试其他的效果。

图 4.4.12:在混合模式里选择"颜色",画面的色彩偏黄了,感觉没有原图那么"火"了。

如果放一个半身人物在画面里,将这个人物的下部分透明,便是广告常用的虚化效果。

(a)   (b)

图4.4.12

4.5

透明婚纱

婚纱透明的办法和前面的窗帘透明步骤有些相似,得运用"通道"来完成。

图 4.5.1:打开文件"人物 – 婚纱女 1",在图层面板里将背景层复制(这个复制没有特别的意义,只是一个保护原图的习惯)。

图 4.5.2:进入"通道"面板,将红通道拖入复制的符号里,产生了一个"红副本"层(选择红通道是因为该通道的背景和婚纱区别稍明显)。

图 4.5.3:运用"色阶"将"红副本"的对比强化,便于以后"魔棒工具"对白色的选取。

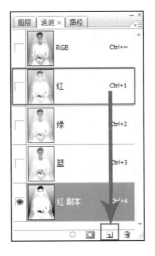

图 4.5.1   图 4.5.2   图 4.5.3

图 4.5.4:用"多边形套索工具"框选深色的背景(或框选人物后再运行"选择"\"反向"),然后给背景填充黑色,取消选区。

图 4.5.5:用"魔棒工具"配合"多边形套索工具"框选婚纱内的人物,框选后填充白色。

图 4.5.4   图 4.5.5

前面说过,黑色表示完全透明,因而背景将会消失,人物不需透明,因而填充白色。婚纱处在有变化的灰色里,深的地方透明多一些,浅的地方透明少一些,不需做填充处理。

图 4.5.6:黑白填充的过程完成了,按住 Ctrl 键,单击"红副本"层,使该层产生选区。

图 4.5.7:进入"图层"面板,单击"添加矢量蒙版"符号(经过通道处理后,该符号其中的"图层"名称变为了"矢量"名称),这时画面已透明了,为了看清透明,在背景层的上层新建一图层,填充颜色,便可看到透明的效果。

其实原图的背景还存在,只是完全透明了,如要证实背景的存在,可在人物的图层里点击蒙版预览窗,再用画笔配合白色的前景色在画面里涂抹,可还原背景的颜色。

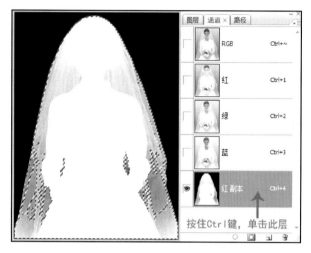

图 4.5.6

图 4.5.7

根据上述的过程,你可用"人物 – 婚纱女 2"的图片做一次婚纱透明的练习。

选区提示如图 4.5.8 所示。完成图如图 4.5.9 所示。

提示:①因为该图已是黑背景了,因此可以先直接在图片上框选不需透明的人物以及下面的座椅、花卉等部分,再进入通道,复制一个通道层后进行白色填充;②如果开始没有复制图层,最后进入"图层"面板后,在点击矢量蒙版之前双击背景层以激活背景层。

图 4.5.8

图 4.5.9

4.6

通道提取头发

将人物和背景分离最难的是保留人物的头发。一根根的发丝处在深灰色的背景里操作很困难，最后会损失不少的发丝，如果是变化复杂的深灰色背景几乎无法操作，因此这项工作是有条件限制的。

图 4.6.1：打开文件"人物—男士头像"。先复制一个图层，用"减淡工具"，选择"高光模式"涂抹靠近头发的背景部分，使背景变亮直至发白。注意头发的空隙处不要反复涂抹，避免头发的细部损失较多。

图 4.6.2：适当的时候也可用"加深工具"（"暗调"模式）涂抹头发，以强化一下头发的细部。

图 4.6.1

图 4.6.2

图 4.6.3：用"减淡工具"继续将整个背景涂白，也可用"魔棒工具"点选背景的灰色，"用多边形套索工具"再添加一点选区，然后填充白色。

图 4.6.4：进入"通道面板"，复制一个"蓝"通道层以产生"蓝副本"层，按"Ctrl+I"组合键使画面"反相"。因为原来的背景是白色，反相后背景成为了黑色，到时自然便完全透明了。

图 4.6.5：用"多边形套索工具"将人物框选，注意避开头发的边缘部分，用白色填充这个选区。现在人物全白了。下一步很重要：按住按住 Ctrl 键，点一下"蓝副本"层，使画面产生选区。

图 4.6.6：回到图层面板，单击"添加图层蒙版"符号，背景已经消失了。

为了看清发丝的状况，可在人物蒙版层的下面新建一图层，填充深蓝色。填充后会发现头发的边缘有一层白雾状，这是因为当初头发的细部空隙处的白色不敢反复擦亮，怕破坏了头发细部的缘故，留下了一些浅灰色。问题是人物也留下了一道白边，这可能是当初用魔棒选取背景时点击次数少了的缘故，使选区不够强化，需解决这个问题。

选择深蓝色也就是为了检查白边的现象，如果是浅色背景倒难以发现了。

图 4.6.3

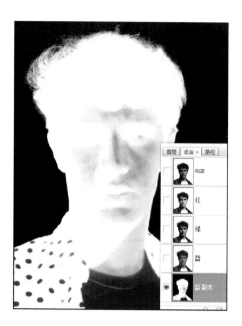

图 4.6.4

图 4.6.5

图 4.6.6

图 4.6.7：选择人物图层，用"魔棒工具"在人物以外的背景里单击，使背景产生选区。观察一下选区是否碰到头发，如果碰到了头发需减去头发边缘的选区。

打开"选择"菜单，点击"修改"\"扩展"命令，在弹出的"扩展选区"面板里输入 2 的数值。

按删除键删除白边（其实这一删也删掉了那层透明的黑背景）。

下一步解决夹杂在头发里的"白雾"。

图 4.6.8：取消选区，用"加深工具"选择"高光"模式在这些"白雾"处反复涂擦，可以使"白雾"大致消失。

图 4.6.9 完成图：再调入一幅天空的图片衬入背景里，来欣赏一下抠取出来的头发细部在蓝天背景下的情景。

完成图的头发出现了一些层次，这是因为运用了"图像"菜单里"阴影\高光"效果。当然，运用"阴影\高光"会让人物脸部的层次很难看。因此得事先复制一个人物图层，再运行"阴影\高光"程序，然后用"橡皮擦工具"擦去脸部和颈部等,仅保留"阴影\高光"过的头发。

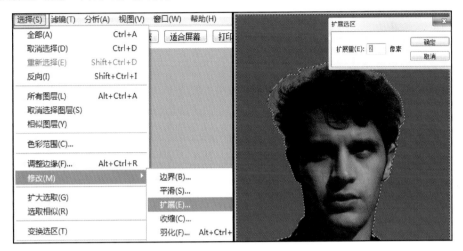

图 4.6.7

图 4.6.8

图 4.6.9

4.7
工具应用综述(课外阅读)

　　基于上面"通道"的练习(其目的是为了分离细致的头发),可知这个程序并非是单纯的,仍需综合其他的一些工具。可见,为了完成一个图像的编辑,必须综合应用工具和程序进行操作。前面所讲解的诸多基础程序在后来的程序中会随时用上,因此建议读者对所学的程序反复练习几遍,以留下较深的操作印象。

　　下面通过几项练习来进一步加深对工具、程序的扩展应用。

4.7.1 仿油画

图 4.7.1:打开图片。在图层面板里将背景层复制("Ctrl+J"组合键)。

选择工具栏里"历史记录艺术画笔工具",在"画笔预设"选取器里选择柔和的画笔,将画笔大小调至 25 左右,然后在画面里从左上角开始,按住鼠标左键在画面里横向逐行拖移,直至涂满整个画面,出现了乱笔效果。如有没涂抹到位的地方,可用更小的画笔点击、完善之。

图 4.7.2:在图层面板里将这个图层的不透明度调节为"80%",让背景层略显现一点。

图 4.7.1

图 4.7.2

图 4.7.3:打开图片,将这个图片拖入编辑的画面最上层,与画面对齐,再执行"叠加"选项。

图 4.7.4:基本完成了仿油画的效果。如果画面的明暗不理想,可回到复制的图层,运行菜单"图像"\"调整"\"阴影/高光",在弹出的面板里调节一下"阴影"和"高光"的数据,使画面的明暗适宜一点即可。

图 4.7.3

图 4.7.4

4.7.2 "调整边缘"与头发提取

Photoshop CS 软件从 5.0 的版本开始,新增加了一些功能。比如当选择了任何一个选区工具后,在工具辅助栏里出现了一个"调整边缘"选项,可以利用这个选项来完成类似于本章里的"通道提取头发"的工作。

图 4.7.5:打开图片,选择工具栏里"快速选择工具",在人物图片内按住鼠标左键拖移,选区会沿着人物的形填满,如有没选择到位的地方可用该工具点选以完善。

图 4.7.5

当完成了选区后,工具辅助栏里"调整边缘"的选项会发亮显示,点击"调整边缘"的选项后,会弹出一个"调整边缘"的面板。

图 4.7.6:"调整边缘"面板的上方有一个"视图"选项,单击右边的三角按钮出现了一个下拉面板,在下拉面板里选择"黑白"的一栏。

图 4.7.7:选择了"黑白"一栏后,画面成为了黑白的模式,便于看清头发的状态。

"调整边缘"面板里有一个"半径"调节选项(红框内),调节里面的半径数据,可以改变头发的细节状态。

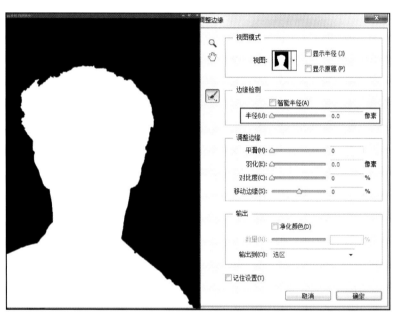

图 4.7.6   图 4.7.7

图 4.7.8:移动滑钮,将半径数据调节至 4.5 左右,可以看到画面的发丝显现了出来。由于选区半径的缘故,衣服上的花纹也显现了少许,这留待以后解决。

图 4.7.9:再单击"视图"选项,选择"黑底"一栏,可以看到发丝中夹杂着少许白色。

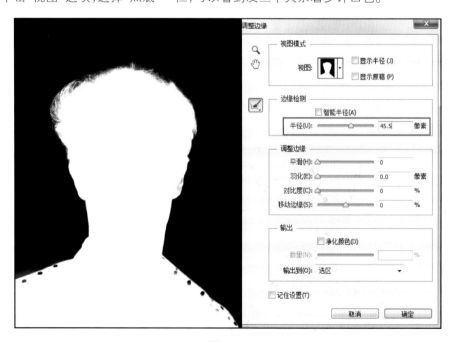

图 4.7.8

图 4.7.9

图 4.7.10：面板左边有一个"调整半径工具"的选项，选择里面的"调整半径工具"，在发丝的白色处反复涂抹，以消除白色。

图 4.7.11：为了稍微完善一下画面，可以根据图中面板里的一些选项勾选和调节数据，尤其在"输出"面板里的"输出到"一栏里选择"新建带有图层蒙版的图层"选项，这样在输出后会在图层面板里产生一个带有图层蒙版的图层，便于下一步插入人物的背景层（见图 4.7.12）。

下一步熟悉一下"快速蒙版模式"工具。

图 4.7.10

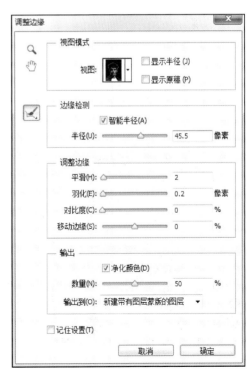

图 4.7.11

可以运用"阴影／高光"选项来提亮一点头发。这里仅提亮头发，头发以外的地方不需提亮，因而可以用"多边形套索工具"框选头发部分进行提亮。改用一种选区方式以了解这种选区的用法。

图 4.7.13：在工具栏的下端有一个"以快速蒙版模式编辑"工具（图 4.7.13 中红箭头处），单击该工具，再点击"画笔工具"，然后对头发以外的部位进行涂抹（背景可不涂），涂抹后呈现一片红色的遮罩。

图 4.7.12

图 4.7.13

图 4.7.14：再单击"以快速蒙版模式编辑"工具，遮罩转换成了选区。注意这个选区已自动进行了"反向"，即遮罩的部位属选区以外的部位。下一步再运行一些能使头发显现层次的命令，如"色阶"、"曲线"等。因为头发整个地很暗，运行"阴影／高光"的命令较好。

完成的画面见"完成图"（见图 4.7.15）。提示：人物衣服的边缘可能不完整，可以框选背景层的衣服后复制，将复制的衣服提到图层面板的最上层即可。

图 4.7.14

图 4.7.15

4.7.3 "内容识别"与填充缺陷

前面练习过图片的拼接。这里继续深入这个练习。

图 4.7.16：打开两幅图片。

执行菜单"文件"\"自动"\"Photomerge"命令。

图 4.7.17：在弹出的"Photomerge"面板里单击添加打开的"文件"，"确定"。

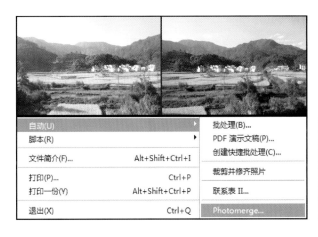

图 4.7.16　　　　　　　　　　　　图 4.7.17

图 4.7.18：图片进行了一次自动拼接。由于两幅图片透视点的变化，左边图片的边缘出现了变形。

画面的周边较空，可以裁掉一部分，但往往不舍裁掉边缘所有的空白，因此保留了部分空白。

裁剪范围如图 4.7.18。

图 4.7.19：裁剪后"拼合图像"。

选择"多边形套索工具"，沿着空白的边缘以外、图片的边缘以内少许的位置框选。这个框选的区域在画内。

图 4.7.18　　　　　　　　　　　　图 4.7.19

图 4.7.20：执行菜单"选择"\"反向"命令，让选区选择周边的空白处。

图 4.7.21：执行菜单"编辑"\"填充"命令，在"使用"一栏里保持"内容识别"的选项，"确定"，完成了画面边缘空白处的图形填充和延展。完成的效果如图 4.7.22 所示。

"填充"面板里的"内容识别"也是自 5.0 版本开始新增的一项功能，这项功能相当于工具栏里的"仿制图章工

图4.7.20 图 4.7.21

图 4.7.22

具",作用是将接近空白处的图形复制到空白处,区别在于"仿制图章工具"的操作麻烦、花时间,而"内容识别"将这项程序简化、智能化了。下面再来延续这个程序的用法,以扩展应用的思路。

图 4.7.23:打开图片,随意在画面里涂抹或填充一块颜色。

图 4.7.24:用"多边形套索工具"框选这个色块,注意不要紧靠着色块的边缘框选,需放宽一点边缘框选。

图 4.7.25:执行菜单"编辑"\"填充"命令,在"使用"一栏里保持"内容识别"的选项,"确定",完成了底纹的填充。

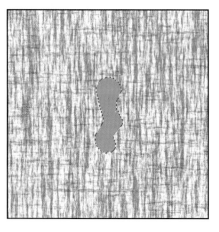

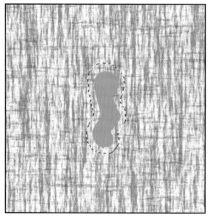

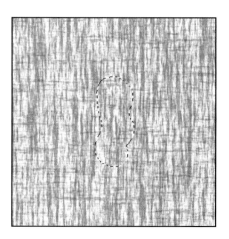

图 4.7.23 图 4.7.24 图 4.7.25

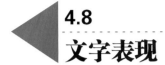

4.8
文字表现

文字的表现形式也是常常用到的内容,有关文字表现的应用在很多书籍里都描述过。这里仅介绍两种基本的文字表现技巧。通过本部分的学习可掌握文字与"路径"、文字与"样式"结合的应用。

4.8.1　文字曲线路径

文字的曲线在文字的辅助工具栏里有一个"变形文字"的操作面板,里面列举了几种模式(见图4.8.1),读者可试试,要操作变形文字时需单击工具栏里"T"的工具。

如果要按照需要的曲线来组合文字,可先建立曲线路径,然后在曲线路径上排列文字。

步骤如图4.8.2所示。

第一步:选择工具栏里"钢笔工具"点上第一点,松开鼠标在另一位置点上第二点,呈现了一条直线路径。

第二步:选择工具栏里"添加描点工具"在线段上单击鼠标左键产生一个节点,松开鼠标,再对准这个节点按住鼠标进行拖移使直线弯曲。重复多次这个步骤以产生所需的曲线。

第三步:选择工具栏里文字工具"T",将文字光标的正中间对准路径线段的开头部分单击鼠标左键,松开鼠标后,产生的文字光标应该和所对应的线段呈90°的垂直状,这样,所输入的文字便沿着路径的曲线排列(如要移动路径可选择工具栏里"路径选择工具"进行移动)。如要缩放路径可选择"编辑"菜单里的"自由变换路径"命令。

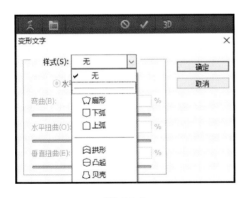

图 4.8.1

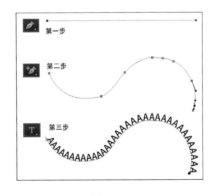

图 4.8.2

圆形路径——图4.8.3、图4.8.4。选择工具栏里"椭圆工具"(从"自定形状工具"里面选择),按住控制键拖画出一个正圆形路径,再沿着这个正圆形路径键入文字。如要改变文字的大小或颜色,可用"T"工具对准要修改的文字,按住鼠标左键涂抹该文字进行修改。

沿着曲线键入文字同样可以改变文字的大小和文字的颜色。

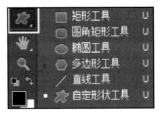

图 4.8.3

图 4.8.4

4.8.2 文字与"样式"面板

输入文字后,可以通过"窗口"菜单里的"样式"面板来调整字体的不同质感。

图4.8.5:在纸张里输入任意文字,打开菜单"窗口"\"样式"面板,点击面板里的任一样式看看字体的变化。

面板里默认的样式不多,可单击面板右上角红框内的符号,弹出了一个选项面板,编辑其中的一个选项可以增加样式,这里选择一个"Web"选项,选择后会弹出一个询问面板,可以替换或追加,选择"追加"即可。随意单击面板里的一个样式,如"带投影的蓝色凝胶",变化的效果见图4.8.6中间部分。图层面板里同时出现了一些图层样式的选项。

图4.8.5   图4.8.6

图4.8.7:有些样式可以调节字体的透明度,调节的位置在图层面板里"不透明度"的下边"填充"一栏。这里将"填充"一栏的透明度调至3%,调节后字体原来的固有色消失了(见图4.8.8)。

图4.8.8:双击图层面板里的选项会出现一个"图层样式"面板,里面可微调一些选项的数据。关闭"内阴影"可增加字体的亮度。"斜面和浮雕"、"外发光"、"投影"等大小均可调整。

图4.8.9是一种单纯的,透明如水珠的效果,制作方法是打开任意一幅图片,在图片上输入黑色的文字,然后在图层面板里双击文字图层,弹出了"图层样式"面板。另外,将文字栅格化后,在旁边随意画上一笔也会是透明的效果。

图4.8.8

图4.8.7   图4.8.9

第 5 章

画笔应用

HUABI YINGYONG

课时:课外阅读。

目的:进一步扩展工具的应用,掌握画笔灵活应用的方法。

重点:画笔制作。

5.1
画笔应用基础

面料设计在主图形排列的较疏松时,添加底纹可以起到弥补空间、增加层次的效果。但底纹的增加不可太强,以点缀为主。底纹的素材丰富多彩,如花卉、叶子、昆虫、几何图形等。从状态来说,可以有点状、面状、大弧线状等,尤其一些由长弧线组成的曲线图形很美。但这种效果的生成需借助矢量软件(如 CorelDRAW 等软件)来得更方便。这在后面会提到。本部分主要以"画笔工具"的应用为主来讲授,意在让读者从软件的角度为设计提供一些思路,同时进一步深化软件的应用。

当选择了"画笔工具"后,在"画笔预设"选取器里会有不同大小、不同硬度、不同形状的画笔。用"画笔工具"选择了一个圆形画笔后,在纸张里点击便是一个圆点,点击两下便是两个圆点。能否一次点击而产生多个圆点呢?能否产生的不是圆点而是线呢?答案是"可以"。既然如此,将为创造图形或图形的底纹提供了一些思考。

在"窗口"菜单里选择"画笔"(或按 F5 键)。弹出了"画笔"面板,可以新建一纸张,一边了解画笔的知识,一边用画笔工具在纸上试着练习以加深印象。

图 5.1.1:选择工具栏里"画笔工具",在"画笔"面板里随便选择一个模糊的圆形笔刷,选择面板左上方的"画笔笔尖形状"一栏。面板下方的预览框里呈现了一道模糊的线条,下面文字默认显示"硬度"为 0%,"间距"为 25%。

图 5.1.2:改变一下这两项数据,将"硬度"调节为 100%,"间距"调到 100%,从预览框里可以看到线条成为了一组边缘清晰的圆点。这说明在用"画笔工具"画一条线时,这条线实际上是由许多小点组成的,因间距密集而成为了线。当改变了间距后,画出来的线条便和预览框中的点一样。

图 5.1.3:接着改变几项数据,点的距离和状态也随之发生了变化。

"角度",表示圆点变窄后的方向;"圆度",表示圆点的宽窄度;"间距"指各圆点之间的距离。

图 5.1.4:继续改变几项数据。将"角度"倾斜,将"圆度"设为 0,进一步扩展"间距"的数值,点的状态如预览框所示。

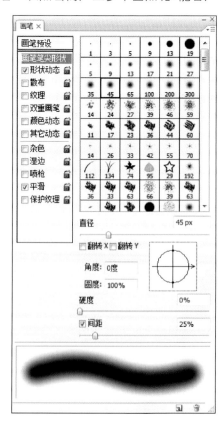

图 5.1.1

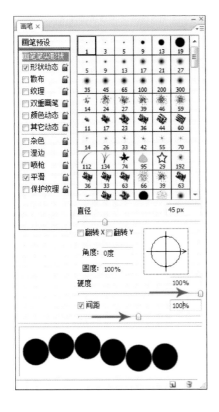

图 5.1.2

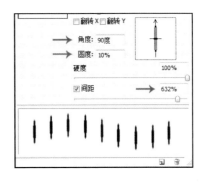

图 5.1.3

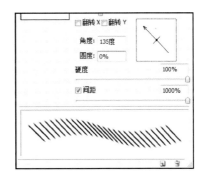

图 5.1.4

以上的变化属有规律的变化,下一步的变化让点状"凌乱"、"无序"。

图 5.1.5:点击红框内的"形状动态"栏,移动"大小抖动"选项的调节钮,可看到其中有些线条的长度缩短了。"抖动",就是间隔变化的含义。

图 5.1.6:移动"角度抖动"选项的调节钮,可看到线条的角度在形成不同的旋转变化。

图 5.1.7:移动"圆度抖动"选项的调节钮,可看到线条的粗细在形成变化。

以上的变化属线性的变化,下一步让点形成散状的变化。

图 5.1.5

图 5.1.6

图 5.1.7

图 5.1.8：将左上方的"散布"一栏勾选，调整"大小抖动"的数值，观察预览框里散点变化的状态。

图 5.1.9："渐隐"功能是画一条线时产生了散点的散和聚的功能，即线段的起笔粗，后面变细，粗的一段宽度由红框内的"渐隐"数值决定，细的一段大小由"最小直径"的数值决定。

图 5.1.10 所示的画面显示了两组数值的变化对所绘线条形成的不同变化，其中第一排的"最小直径：20"显示了线条的细段变细，"渐隐"的 25 显示了左边宽的一头很短；第三排的"渐隐"数值为 80，使宽的一头变长了；最下排的"渐隐"数值为 1，宽的一头几乎没了。

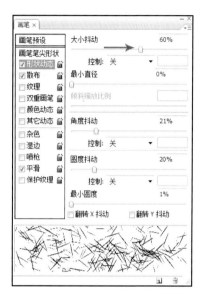

图 5.1.8

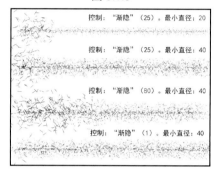

图 5.1.9

图 5.1.10

图 5.1.11：以上的粗细变化是一段粗，一段细，如果想让线条的粗细变化均匀，可单击"散布"一栏，将"渐隐"一栏右边数值调整为 240 左右，便形成了喇叭状的粗细均匀渐变。假如将这个喇叭状的线条不断复制和旋转，会形成一个放射状的圆形图案。

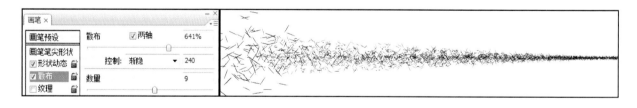

图 5.1.11

5.2
自制画笔

利用"路径"产生一个有规律的形，再沿着这个路径产生所需的画笔，也是一种创造图案的手段。

图 5.2.1 是用"钢笔工具"绘制一个 S 形的路径，然后在"路径"面板里选择"用画笔描边路径"的符号，前者用的

是"画笔预设"里的"散布叶片"画笔,后者是自制的线条画笔。将圆点的"圆度"降为 0,成为细线的状态,只是没有自制的细线那么纯粹。下面就用自制的线条来产生图案。

图 5.2.2:新建 3000 像素见方的纸张,准备制作一个圆形的图案。

新建一图层,选择"画笔工具",选择"画笔预设"选取器里像素为 1 的硬点,按住控制键,在纸张的一角里画一道直线,大小可参考图中的标尺位置,再用"矩形选区"框选这条直线。

图 5.2.3:选择"编辑"菜单,选择"定义画笔预设"命令,在弹出的"画笔名称"面板里键入"直线 280"的名称("280"指的像素大小,这个像素与线条的长短有关),确定后可在"画笔预设"选取器里找到最后一个画笔便是,只是它显示的名称以像素"280"代替。你所建立的画笔像素会和本教材例图中的"280"像素有区别,因而名称也会不同。

图 5.2.4:在工具栏里选择矢量文件工具系列里的"椭圆工具",在辅助栏里选择三个选项中间的"路径"符号选项,按住控制键在画面里画一正圆的路径,圆的大小可参考图中右上角红框内的大小。

路径大小的调整仍然用"自由变换"命令,只是针对路径时命令名称变为了"自由变换路径"的名称。

如要移动路径在画面中的位置,可选择工具栏里含箭头形状的"路径选择工具"。

图 5.2.5:新建一图层,继续应用"画笔工具"。选择面板左上角的"画笔笔尖形状"一栏,在"画笔"面板里选择刚制作的直线画笔(用鼠标在这个画笔里多停留一下会弹出键入的名称),依据例图中调节"角度"和"间距"的数据。面板下面的预览框中显示了倾斜且有间距的细直线。

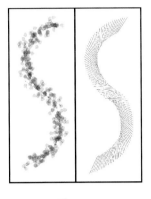
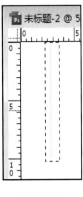

图 5.2.1　　　　　　　图 5.2.2

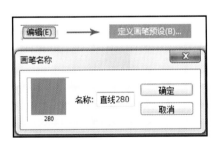

图 5.2.3

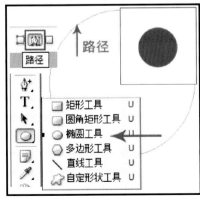

图 5.2.4

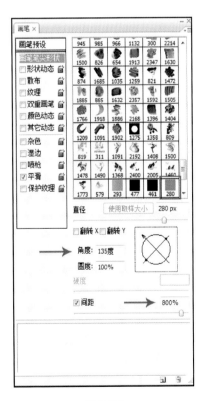

图 5.2.5

图 5.2.6:选择"路径"面板,单击红箭头所指的"用画笔描边路径"符号,画面出现了图 5.2.7 所呈现的围绕路径生成的直线圆圈。

这个圆圈仅表示了编辑画笔、画笔的组合方式以及"用画笔描边路径"等操作过程，还不能称其为"图案"。如果将这个圆圈做些处理，也许可以为以后的设计储备一点图案元素资料。

图 5.2.8：下一步操作很简单，只要将这个圆圈复制、水平翻转便可出现图中的重叠效果，只是在复制前先删除或隐藏建立的圆形路径。将路径层拖入面板下方的垃圾桶里可删除路径；隐藏，是在路径面板中间空白处用鼠标单击一下，路径便消失了，再次单击又可恢复路径。

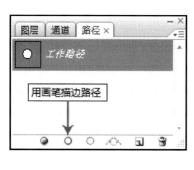

图 5.2.6

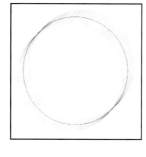

图 5.2.7

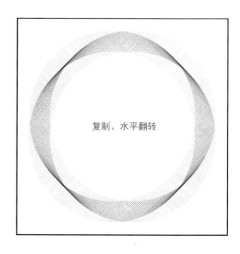

图 5.2.8

所做圆圈中的线条都朝着一个方向，能否让每一根线条围绕圆心旋转？可以。只要选择一项"方向"的功能便可做到这一点。

图 5.2.9：可以重新建立一条长一点的线条作为笔刷。建立圆形路径的过程和前面一样。

例图左边"画笔笔尖形状"一栏里只需调节"间距"至最大值。

选择面板左上角的"形状动态"一栏，在"角度抖动"一栏的"控制"框里选择"方向"命令，再运行"用画笔描边路径"的操作。

完成的画面如图 5.2.10 所示。

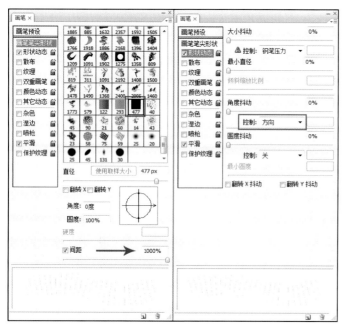

图 5.2.9

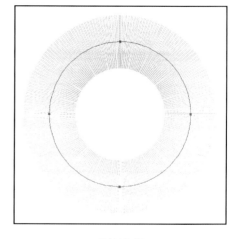

图 5.2.10

通过以上的练习大家知道了制作画笔的方法,其实很多图形都可以制作成画笔,就是注意两点:①像素不要超过 2500 像素;②背景一定为白色。下面举一例来说明其操作过程。

图 5.2.11:可以选择一副花卉照片,将花卉、叶子和背景分离(魔棒和多边形套索工具结合运用)。再将背景填充白色,执行"定义画笔预设"命令,便完成了花卉画笔的制作。

图 5.2.11

画笔的应用有一个限制,就是只能以单色形式出现,因而大多用来做背景里的陪衬如图 5.2.12(a)便是画笔工具选择刚制作的花卉画笔点按在白纸上的花卉画笔。

另外,画笔含有蒙版的因素,因而有透明的成分,在选择了某种颜色的搭配后会显得灰暗(见图 5.2.12(b)),如果需要花卉明亮,可先在白纸上完成画笔应用,接着合并图层、抠图,再拖入所需的背景色里(效果见图 5.2.12(c))。

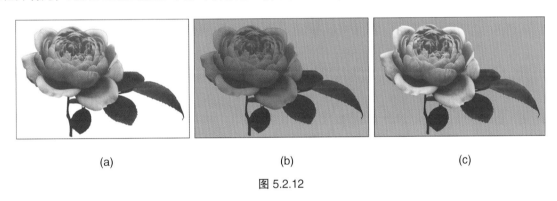

(a)   (b)   (c)

图 5.2.12

5.3
通道与画笔

制作画笔的图片需要该图片的背景为白色,因而在"编辑"菜单里运行"定义画笔预设"之前要将"虚幻花卉"的图形反相,进行黑白的转换。

下面将前面制作的虚幻花卉来完成一个含透明的花卉画笔。

图 5.3.1:打开曾经做过的虚幻花卉图形(假如没有保存,可参考 7.3 再练习一次)。

JPEG 的图片也可制作。

图 5.3.2:现在的花卉是白色,背景层是黑色,按"Ctrl+I"组合键使黑白"反相"。

图 5.3.1

图 5.3.3：打开"编辑"菜单，执行"定义画笔预设"命令，在弹出的"画笔名称"面板里输入"虚幻花卉"的名称，点击"确定"。

图 5.3.2　　　　　　　　　　　　　　　　图 5.3.3

在"画笔预设选取器里"已经有了这个花卉的画笔。

新建一纸张，填充任意一个深色，再新建图层。

选择工具栏里"画笔工具"，选择"画笔预设选取器"里最后一个刚存储的"虚幻花卉"画笔，在纸张里单击进行编辑。编辑时可以选择不同色相的前景色以及不同大小的画笔数据，便出现了如图 5.3.4 所示的透明花卉图形，同时可作为横线进行拖画。

图 5.3.4

第 6 章

滤镜与设计表现

Lü JING YU SHEJI BIAOXIAN

课时:12课时。

目的:了解"滤镜"功能在设计中的应用。

重点:掌握滤镜肌理表现的基本操作手段。

6.1
仿刺绣效果

滤镜:素描—绘图笔。

图 6.1.1:打开图片,按"Ctrl+J"组合键复制背景层。

图 6.1.2:将前景色调成天蓝色,背景色调成橘黄色。单击"滤镜"菜单(后期的版本单击"滤镜库"),选择"素描"\
"绘图笔"命令,在弹出的"绘图笔"面板里调节"描边长度"和"明暗平衡"两项数据(数值如图 6.1.3 所示)。

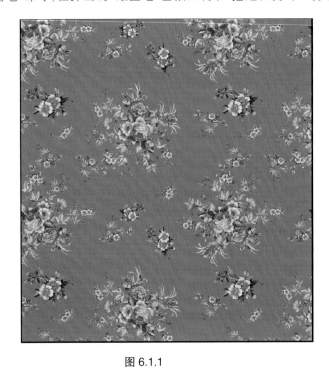

图 6.1.2

图 6.1.1

图 6.1.3

图 6.1.4:经过"绘图笔"变化后的效果。

图 6.1.5:在图层面板里将这个图层运行"颜色"的混合选项。

图 6.1.6:完成的效果(局部),画面产生了类似于刺绣的肌理,花形也变厚重了。背景里蓝色和橘黄色混置后,在显示屏里将画面放大看,色调为天蓝色,缩小画面后底色成为绿色,印象派绘画作品便是利用了这一特点在画布里进行并置作色,即某一种间色不是调出来再画到画布里,而是将两种原色直接并置在画布里,从视觉上获得了混置后的复色效果。

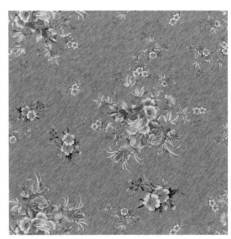

图 6.1.4　　　　　　　　图 6.1.5　　　　　　　　图 6.1.6

6.2

仿粗布印花

滤镜:渲染—纤维;素描—炭精笔;风格化—风。

图 6.2.1:新建 2400 像素见方的纸张,将前景色设为中灰色,背景色为白色。单击"滤镜"菜单,选择"渲染"\"纤维"命令,在弹出的"纤维"面板里调节如图 6.2.2 所示的数据。

图 6.2.3:画面产生了不规则的条状纹理。

图 6.2.1

放大纹理:用"矩形选区工具"框选如图所示的范围,然后用"编辑"菜单里"自由变换"命令将选区范围向右上角拉满整个画面。

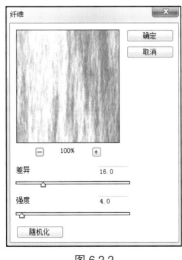

图 6.2.2

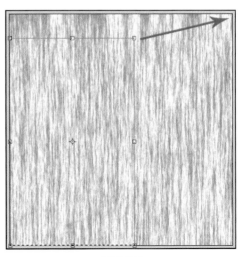

图 6.2.3

图 6.2.4：单击"滤镜"菜单，选择"素描"\"炭精笔"命令，在弹出的"炭精笔"面板里调节如图 6.2.5 所示的数据。

图 6.2.6：按"Ctrl+J"组合键复制背景图层。将前景色调成偏灰一些的橘黄色。

点击"图像"菜单，执行"调整"\"色相 / 饱和度"命令，在弹出的"色相 / 饱和度"面板里将"着色"选项勾选，画面的颜色转换成了前景色的颜色。

图 6.2.4

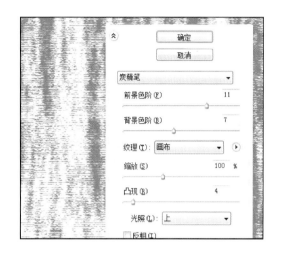

图 6.2.5

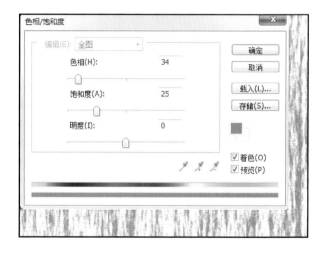

图 6.2.6

图 6.2.7：将复制的图层执行"编辑"\"变换"\"旋转 90°（顺时针）"命令。

图 6.2.8：点击"滤镜"菜单，执行"风格化"\"风"的命令，在弹出的"风"的面板里点选"大风"、"从右"（左右皆可）两项，减少了第二层画面纹理的密度。

图 6.2.9：在图层面板里将这个图层运行"正片叠底"的混合选项，并将"不透明度"调至 75%。

以上完成的是一幅接近单色的粗布纹理，下一步给画面增加一点色彩。

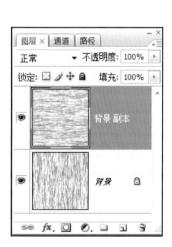

图 6.2.7

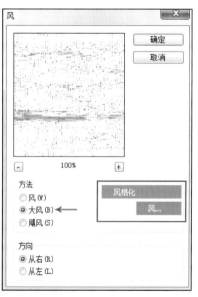

图 6.2.8

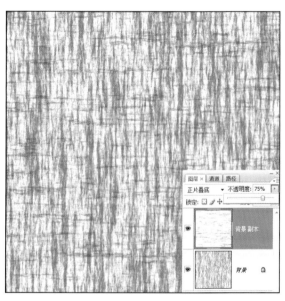

图 6.2.9

图 6.2.10：在图层面板里新建一图层，将前景色调为橘黄色，背景色调为淡绿色，运行"滤镜"\"渲染"\"云彩"选项，画面形成了如图的色彩。

将这个图层运用"柔光"的图层混合选项，便形成了图 6.2.11 的画面效果。

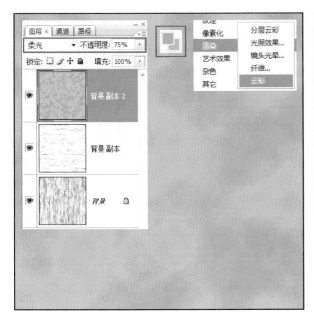

图 6.2.10

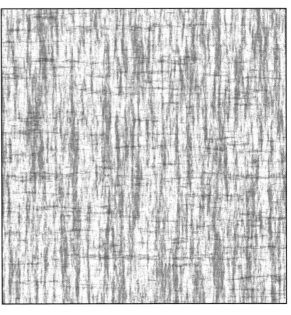

图 6.2.11

提示：运用"柔光"的图层混合选项并非是绝对的，大家可在图层混合选项里多尝试其他的选项以了解各选项的不同效果，总之，目的是让画面达到视觉的最佳效果。滤镜里很多命令可以多尝试以发现和了解其功能。

这一部分使用了滤镜中的"纤维"选项。"纤维"选项是一个很生动的纹理效果，可以利用这种纹理来做木纹、雨水甚至草地等，下面将"纤维"的功用作一些延伸。

1. 做下雨的场景

图 6.2.12：将一张"纤维"的画面运行菜单"图像"\"调整"\"阈值"选项，画面成为清晰的黑白色（"阈值"面板里将调节钮左右移动可调节纹理的疏密）。

图 6.2.13：用"魔棒工具"配合去掉勾的"连续"辅助选项点选画面中的白色部分，然后删除白色。注意，要删除白色的部分必须是"背景"层以上的图层，如果"纤维"在背景层中，可双击"背景"图层以激活该图层，使其成为"0"的图层，再对白色进行删除。

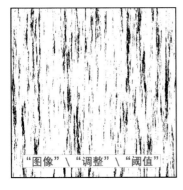

图 6.2.12

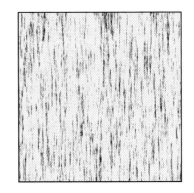

图 6.2.13

图 6.2.14：打开图 6.2.14 所示的图片。将纹理拖入图片里，可以框选和删除纹理的上边和下边不自然的部分。按"Ctrl+I"组合键让黑色转换为白色。

图 6.2.15：将纹理复制、移动、合并、自由变换使纹理充满整个画面，合并雨水。

这里的"自由变换"主要是上下的扩展，如果扩展的幅度较大，变换框会溢出到画外，不便操作，因此在变换前先用带"－"号的"缩放工具"单击以缩小画面（"缩放工具"在按住"Alt"键后也可变为缩小工具）。

图 6.2.14

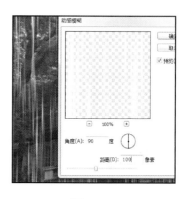

图 6.2.15

再运用"滤镜"里的"动感模糊"（角度为"90°"）让雨水自然。雨水应该有虚有实，现在画面中的雨水白得有些生硬，如果降低透明度会好一点，但降低透明度后难以做到有虚有实，因此可以采用"添加矢量蒙版"的方法来解决这个问题。

图 6.2.16：在图层面板里单击"添加矢量蒙版"符号，这时的前景色和背景色转换成了黑白的关系。

图 6.2.17：将黑色放在前景色上，这个黑色此时代表了透明的性质，然后在"编辑"菜单里执行"填充"的命令，注意在"填充"面板里选择"前景色"和"50%"两项。这个填充意味着给雨水作了二分之一的透明处理。

图 6.2.16

图 6.2.17

图 6.2.18：这个透明和图层面板里的"不透明度"是有区别的。矢量蒙版的透明可以通过"画笔工具"配合白色的涂抹来减弱或还原透明度。因此将前景色转换为白色，用"画笔工具"在雨中的某些部位涂抹，局部的透明度减弱。同时可将前景色转换为黑色进行涂抹，局部的透明度加强，以进一步强调虚实关系。最后可新建一图层，用"画笔工具"在画面涂抹少许很透明的白色，形成一点雾气的效果。

这里仅说明"纤维"功能的扩展应用。当然，做"雨水"不仅可以运用"纤维"选项，而且可以运用画笔等综合选项完成。

图 6.2.18

2. 做草地

本部分用到了滤镜中"风"的选项,"纤维"和"风"的结合可以产生类似草地的效果。

图 6.2.19 至图 6.2.22:将前景色设为草绿色,背景色设为黑色,新建 1000 像素×1500 像素的纵向纸张。运行"纤维"的滤镜,接着运行"风格化"\"风"的命令,在弹出的"风"的面板里点选"飓风"、"从左"两项,然后将画面逆时针旋转 90°,便完成了草地的效果。

图 6.2.19

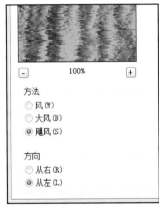

图 6.2.20

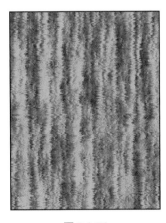

图 6.2.21

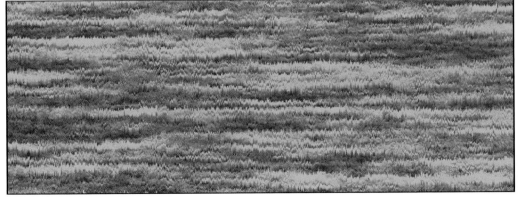

图 6.2.22

6.3
制作虚幻的花

滤镜:扭曲—波浪、极坐标;素描—铬黄。

制作一朵虚幻的花,作为设计中的一个元素,既可以成为主体设计,又可以作为其他主体元素的陪衬使用。

图 6.3.1:新建 800 像素×800 像素的纸张,将前景色设为黑色,背景色设为白色。

在工具栏里选择"渐变工具",选择线性渐变,渐变拾色器里选择"前景到背景"的渐变模式,按住控制键,根据图 6.3.1 中的位置由下往上拉渐变。

图 6.3.2:打开"滤镜"菜单,选择 "扭曲"\"波浪"选项。

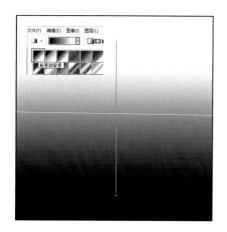

图 6.3.1

图 6.3.2

图 6.3.3:弹出了一个"波浪"面板,依照面板中的各项数据进行调节,产生了均匀的三角条形状(见图 6.3.4)。图 6.3.4 中的白色为正形,黑色为底色。

图 6.3.5:打开"滤镜"菜单,选择 "扭曲"\"极坐标"选项。

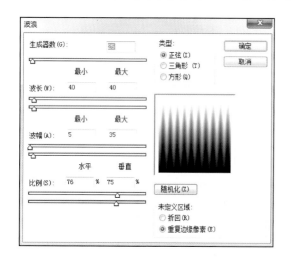

图 6.3.3

图 6.3.4

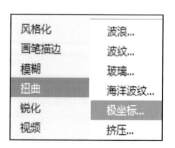

图 6.3.5

图 6.3.6：弹出了一个"极坐标"面板，点选选项"平面坐标到极坐标"。

图 6.3.7："极坐标"是将一个条状的造型弯曲成了一个圆形，假如再点选"极坐标到平面坐标"选项，圆形会还原到原来的条状。

图 6.3.6

图 6.3.7

下一步的滤镜操作会使图形溢出画外少许，因此需扩展画布。

图 6.3.8：打开菜单"图像"\"画布大小"将"宽度"和"高度"各设为 32 厘米，面板的最下方设为"背景"或黑色。

图 6.3.9：打开"滤镜"菜单，选择（或选择"滤镜库"）"素描"\"铬黄"选项，在弹出的"铬黄"面板里将"细节"调为 2，将"平滑度"调为 7。完成的效果如图 6.3.10 所示。

图 6.3.11：下一步将花形和背景分离，需在"通道"面板里进行，因此须将背景层复制。复制后将背景层填充任意一彩色，便于下一步看清复制层的处理效果，然后点击复制的图层。

图 6.3.12：进入"通道"面板，将蓝通道层（任意一个皆可）拖入下面"创建新通道"的符号里，产生了"蓝副本"层。按住"Ctrl"键单击这个副本层以产生选区，再单击 RGB 层激活图层。

图 6.3.8

图 6.3.9

图 6.3.10

图 6.3.11

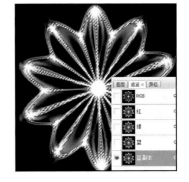

图 6.3.12

图 6.3.13：进入"图层"面板，单击面板下方的"添加矢量蒙版"符号，黑背景消失了。

图 6.3.14：白花里还残留着浅浅的黑色，打开"图像"\"调整"菜单里的"色阶"面板，将上排右边的高光调节钮拖移至最左边，让残存的黑色消失。前面讲过，有矢量蒙版的图层往往在"图像"\"调整"选项里禁止操作。因此要在图层面板里单击蒙版框外边的蓝色部位才能进行"图像、调整"的一些操作。

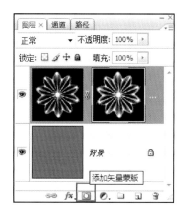
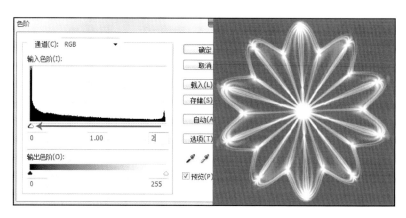

图 6.3.13

图 6.3.14

图 6.3.15：如果要为白花添加颜色，可以在花的图层上面新建一图层，填充一种彩色，也可用"径向渐变"程序拉一道圆形的多色渐变，再将这个渐变在图层混合选项里运行"颜色"的模式。

下一步使含彩色的花成为一个单独的元素。

图 6.3.16：回到花的图层，打开菜单"选择"\"载入选区"命令，让花形成选区。

按"Ctrl+J"组合键复制一个花的图层。

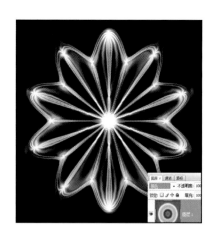
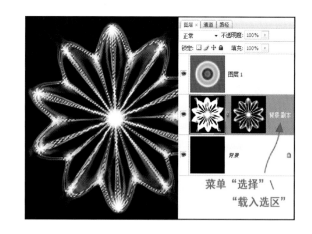

图 6.3.15

图 6.3.16

图 6.3.17：让复制的花的图层再次执行"载入选区"的命令。

图 6.3.18：选择"径向渐变"图层，按"Ctrl+J"组合键复制一个含花形的渐变图层，然后删掉"径向渐变"图层。

图 6.3.19：因为这个花含有蒙版的成分，也就是含有透明的成分，在和渐变的色彩合并后会减弱色彩的纯度，因而需多复制几个渐变的图层，大约复制 4 个，并将最上层的渐变所含的"颜色"混合模式改为"柔光"模式。

再将"花复制"的图层和上面的 4 个色彩渐变图层连选、合并。完成的效果如图 6.3.20 所示。

注意，需保留做这个花的 PSD 文件，便于后面的学习。

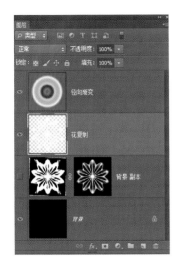

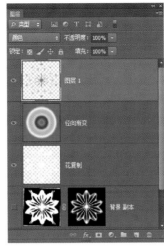

图 6.3.17　　　　　　　　　　图 6.3.18　　　　　　　　　　图 6.3.19　　　　　　　　图 6.3.20

　　这部分使用了滤镜菜单里的"扭曲"\"极坐标"功能。这项功能是将直线变为圆圈。这个圆圈的圆度根据纸张的形状而定,如果是正方形的纸张,运行"极坐标"后成为正圆形,如果是长方形的纸张,运行"极坐标"后成为椭圆形。如图 6.3.21 和图 6.3.22 所示的两组图形由原型经"极坐标"后而变化成的图形。

　　图 6.3.23:关于"扭曲",常常会有需要的形,比如节奏有规律的扭曲。将一条直线变为有规律的曲线,可参考图 6.3.24 "波浪"面板里的数据进行操作。

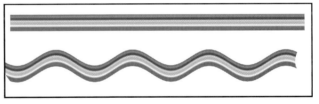

图 6.3.23

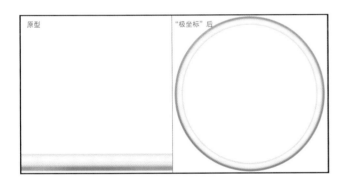

图 6.3.21

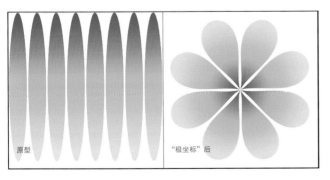

图 6.3.22

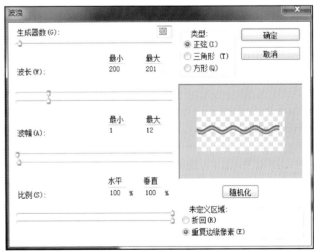

图 6.3.24

另外,如果要将一条直线变为所需要的曲线,这在早期的版本较难实现。从 5.0 的版本开始,增加了这个程序,即"编辑"菜单中的"操控变形"。"操控变形"是在一条直线里点上一些节点,如图 6.3.25 所示。再用鼠标对线条进行拖移使其呈曲线状,如图 6.3.26 所示。当选择了"操控变形"命令后,线条里会出现一片网格,可以在辅助栏里关闭网格。

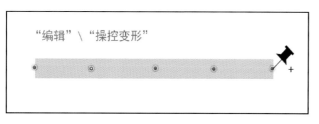

图 6.3.25

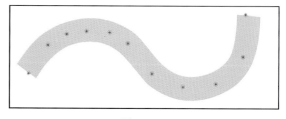

图 6.3.26

6.4
做凸点肌理墙纸

滤镜:素描—网状;风格化—浮雕效果。

完成图如图 6.4.1(a)所示,完成图局部如图 6.4.1(b)所示。

(a)

(b)

图 6.4.1

凸点肌理是很多地方都可能用到的一种肌理。本部分通过滤镜里的"浮雕效果"和"网状"功能来实现这一效果,同时为大家提供了一个肌理元素的资料积累。

图 6.4.2(a):新建 800 像素见方的纸张,将前景色设为中灰色。打开滤镜菜单,选择"素描"(后期版本在"滤镜库"里打开),再单击"素描"\"网状",可参考图 6.4.2(a)中右上方的数据调节,产生的点状不要过于密集。

图 6.4.2(b):打开滤镜菜单,选择"风格化"\"浮雕效果",参考"浮雕效果"面板里的数据进行调节。面板中"角度"的变化会产生微妙的肌理变化。

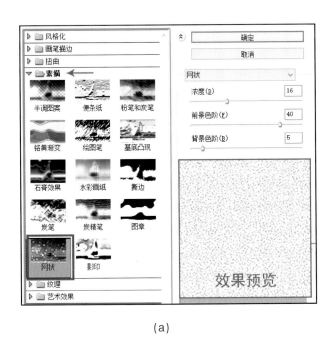

(a)

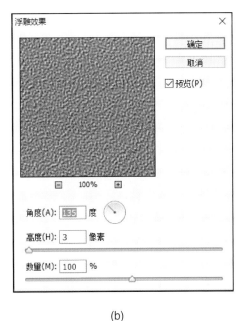

(b)

图 6.4.2

图 6.4.3：完成"浮雕效果"后，先作为资料保存以备以后使用。

下面就在这个肌理上做凸点墙纸的效果。

按"Ctrl+J"组合键复制一个背景层，选择"图像"菜单里"画布大小"的命令，在"画布大小"的面板里将"宽度"的单位改为"像素"，在"宽度"和"高度"栏里各输入 2800 的数据，点击"定位"栏里的左下角，确定。扩展后的画面如图 6.4.4 所示。

将这个复制的肌理再复制 8 个，对齐排列成正方形。

拼接时有个现象需注意，拼接后每一方块之间会留下拼接的痕迹，因此在复制第 2 个方块时用羽化为"8"左右的"矩形选框工具"框选方块的左边和下边(见图 6.4.4 右上角的选区示意部分)，再删除，使边缘虚化，然后再拖移、覆盖住另一个方块的边缘，这样在拼接完毕后不会留下痕迹。合并这 9 个肌理方块，再通过"自由变换"将其拉满整个画面。

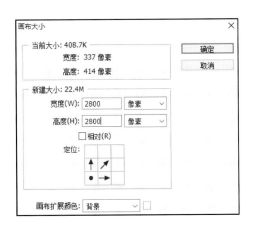

图 6.4.3

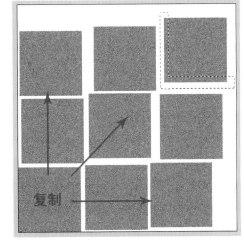

图 6.4.4

图 6.4.5：打开图 6.4.5 所示的图片，这是一个有图层的四方连续文件，将其拖入肌理画面中，在"图像"菜单里执行"去色"命令。

图 6.4.6：将这个花布的图层再复制一层（"Ctrl+J"组合键）。将复制的花卉图层关闭，回到下一层的花卉图层，运行"浮雕效果"，"角度"为 –45°，"高度"为 5 像素。完成的效果（局部）如图 6.4.7 所示。

图 6.4.8：现在的画面花卉和底纹的色度太接近。单击图层面板里的肌理图层，运用"色阶"或"曲线"命令将肌理图层提亮一点以区分两个图层的明暗关系。

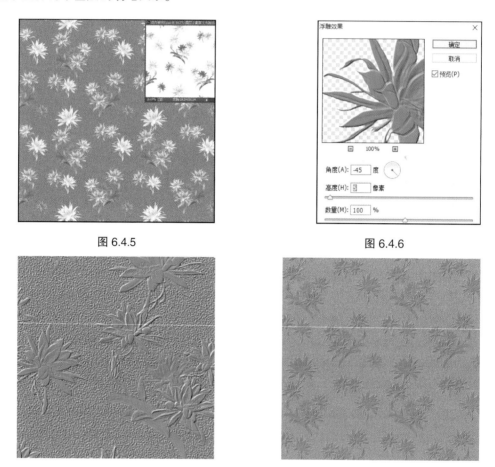

图 6.4.5　　　　　　　　　　　　　　　　　图 6.4.6

图 6.4.7　　　　　　　　　　　　　　　　　图 6.4.8

图 6.4.9 和图 6.4.10：回到最上层花卉复制的图层，双击该图层弹出"图层样式"面板，运行"斜面和浮雕"、"投影"两项。

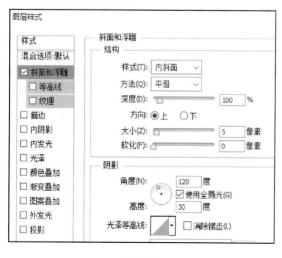

图 6.4.9　　　　　　　　　　　　　　　　　图 6.4.10

图 6.4.11：将该图层的"不透明度"调至 33% 左右。

图 6.4.12：再运行"色阶"或者"曲线"选项提高该图层的对比度。

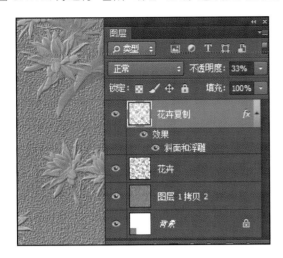

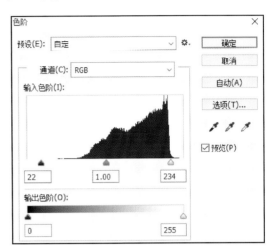

图 6.4.11   图 6.4.12

前面"完成图"的色彩是在图层面板的最上层新建一图层，填充淡黄色，将淡黄色运行"色彩"的混合选项，便完成了本节的练习。

6.5
仿珊瑚肌理

图 6.5.1：新建 2000 像素×1500 像素的横向纸张，将前景色调为深蓝色，背景色为白色，执行滤镜菜单："渲染"\"云彩"命令。

图 6.5.2：执行"图像"菜单："调整"\"色调均化"命令。

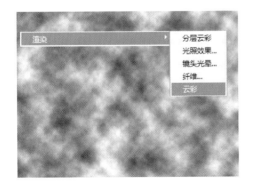

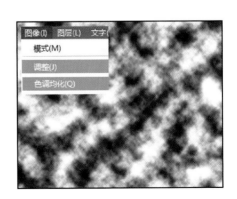

图 6.5.1   图 6.5.2

图 6.5.3：执行"滤镜"\"风格化"\"浮雕效果"命令，设置图 6.5.3 中所示的三项数值。

图 6.5.4：执行"滤镜"\"渲染"\"分层云彩"命令。

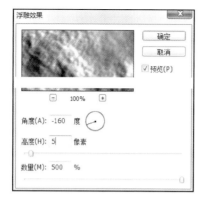

图 6.5.3 　　　　　　　　　　　　　　　　　　图 6.5.4

图 6.5.5：执行"滤镜"\"风格化"\"凸出"命令，在弹出的面板里，根据图中的数据和框选进行设置和勾选，完成的画面如图 6.5.6 所示。

图 6.5.5

图 6.5.6

6.6
仿纤维壁挂艺术

滤镜:扭曲—波浪;扭曲—极坐标;素描—铬黄渐变。

图 6.6.1:此节的步骤和做花的步骤相似。新建 800 像素见方的纸张,将前景色设为黑色,背景色设为白色。

在工具栏里选择"渐变工具",工具辅助栏里选择线性渐变,渐变拾色器里选择"前景到背景"的渐变模式,按住控制键,根据图中的位置由下往上拉渐变。

图 6.6.2:打开"滤镜"菜单,选择"扭曲"\"波浪"选项,根据弹出的"波浪"面板中的各项数据进行调节。

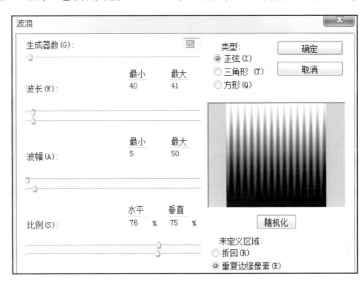

图 6.6.1 图 6.6.2

图 6.6.3:完成了一次"波浪"后,按"Ctrl+F"组合键重复一次"波浪"的操作,形成了如图 6.6.3 的画面。

图 6.6.4:执行"滤镜"\"扭曲"\"极坐标"选项,执行"平面坐标到极坐标"的命令。

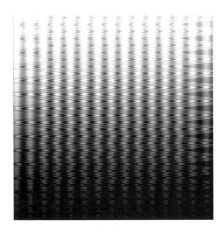

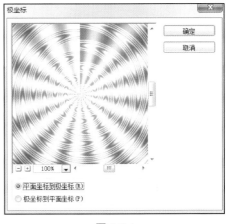

图 6.6.3 图 6.6.4

　　图 6.6.5：打开"滤镜"菜单，选择"滤镜库"\"素描"\"铬黄渐变"选项，参考图中的数据进行调节，效果如图 6.6.6 所示。

　　图 6.6.7：执行"滤镜"\ "扭曲"\"极坐标"选项，执行"极坐标到平面坐标"的命令，便形成了类似于纤维艺术的编织壁挂效果。

　　完成的效果如图 6.6.8 所示。

图 6.6.5

图 6.6.6

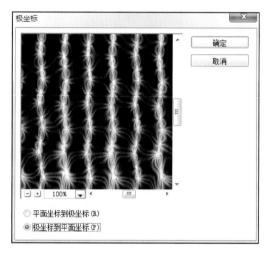

图 6.6.7

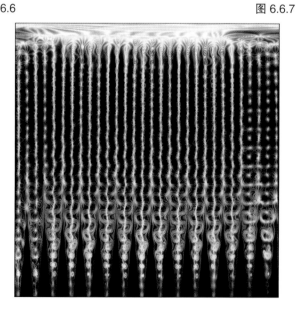

图 6.6.8

6.7
抽象形态

滤镜:渲染—分层云彩;风格化—风;风格化—扩散;扭曲—置换。

(练习前请读者先看本部分后面的"说明"。)

抽象形态是现代美术的一个重要表现形式,可以应用于各个绘画和设计领域。下面来制作一种抽象形态的图形,可用于纤维编织壁挂,也可作为丝巾、面料的设计图形应用。

图 6.7.1:新建 1200 像素见方的纸张,将前景色调为黑色,背景色为白色,执行滤镜菜单:"渲染"\"分层云彩"命令。

选择"魔棒工具",将该工具辅助选项"连续"的钩取消,在云彩的高光处单击。这里需要选区有较大的面积,可以紧贴选区的外边缘,用"添加选区"再次点击一次以扩大选区。

图 6.7.2:在图层面板里新建一图层,将前景色调为淡黄色,按"Alt+Del"组合键填充这个图层。

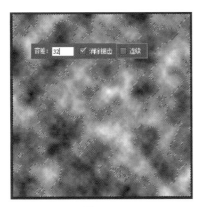

图 6.7.1

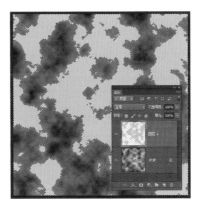

图 6.7.2

图 6.7.3:取消选区,回到背景层继续扩展选区:将"魔棒工具"的"容差"调至"24",点击云彩的黑色部分,产生了如图的选区,点击图层面板里上一层,继续填充淡黄色,取消选区。回到背景层,将背景层填充白色以覆盖云层。

图 6.7.4:选择"图层 1",单击"滤镜"菜单,执行"风格化"\"风"的命令,在弹出的"风"的面板里点选"大风"、"从左"(或"从右")两选项。

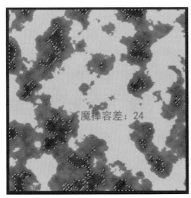

图 6.7.3

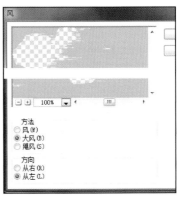

图 6.7.4

按"Ctrl+F"组合键 6 次,将"大风"程序重复 6 次,效果如图 6.7.5 所示。

图 6.7.6:单击"滤镜"菜单,执行"风格化"\"扩散"的命令,在弹出的"扩散"面板里点选"变暗优先"选项,让"大风"的肌理变粗糙。

图 6.7.5   图 6.7.6

下一步的变形很关键。

图 6.7.7 和图 6.7.8:单击"滤镜"菜单,执行"扭曲"\"置换"命令,弹出了"置换"的面板,以这个面板里默认的内容直接单击"确定"按钮。下一步将要寻找一个"PSD"的文件。

图 6.7.9:单击"确定"按钮后会弹出一个寻找文件的文件夹面板,通过寻找计算机的根目录找到 "图库"目录。在"图库"里寻找如图 6.7.9 所示的"纹理 – 木刻肌理"的 PSD 文件,点选这个文件,再点击面板右下方的"打开"命令,画面的图形做了一次较大的变形处理。

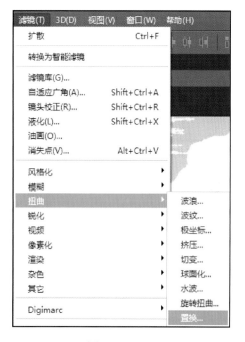

图 6.7.7   图 6.7.9

图 6.7.10:同样将这个"置换"的程序重复 10 次(按"Ctrl+F"组合键 9 次)。

图 6.7.11:复制这个图层,执行"编辑"\"变换"\"旋转 90 度逆时针"命令。

图 6.7.10

图 6.7.11

图 6.7.12 是后面步骤的过程。将旋转的图层运行"正片叠底",再按"Ctrl+I"组合键使色彩反相。

再将"图层 1"复制一次,运行"水平翻转"、运行"正片叠底",再通过"色相与饱和度"中"色相"的调节将淡黄变为草绿,便形成了图 6.7.13 所示的效果。

合并除"背景"层以外的几个图层,合并后命名该图层为"抽象图形"。

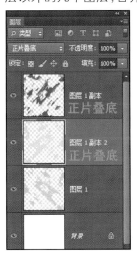

图 6.7.12

图 6.7.13

下面为这个图形做一个编织的肌理效果。

图 6.7.14:在图层面板的最上层新建一图层,填充白色。

再将前景色调为中灰色,运行"滤镜"\"渲染"\"纤维",调整数据如图 6.7.14 所示。

图 6.7.15:将"纤维"图层在"编辑"菜单里旋转 90°。为该图层命名为"纤维"的名称。

图 6.7.14

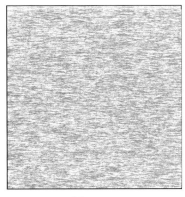

图 6.7.15

图 6.7.16：通过"自由变换"缩小，将纤维肌理变细密一些。

图 6.7.17：将缩小的纤维图层向下复制 2 次，填满整个画面，将 3 个"纤维"合并，合并后运行"正片叠底"选项。

图 6.7.16   图 6.7.17

图 6.7.18（a）：将"纤维"图层的"不透明度"调为 40%。

图 6.7.18（b）："正片叠底"后的画面有些暗，可以将下层的"抽象图形"图层再复制一层，运行"柔光"选项，"不透明度"为 50%。

图 6.7.18（c）：将纤维图层复制，运行"强光"选项，"不透明度"为 20%。仿编织的效果里会出现一些浅色的条纹，如同多线混合编织一般（见图 6.7.19）。

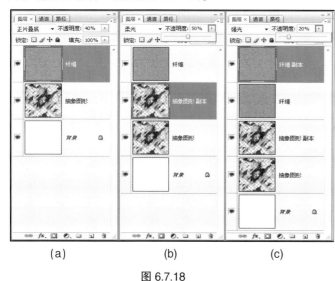

(a)   (b)   (c)   图 6.7.19

图 6.7.18

说明：

    本部分"抽象形态"的练习具有很多不定的因素，因为每次"分层云彩"的形态会有区别，致使每次练习的结果大相径庭。因此读者所做的练习很难和教材的范例相似。本次练习是给读者提示一种程序方式，其中的操作并非一成不变，比如对云彩的选区大小控制、对滤镜"风"、"置换"操作的重复次数以及"扩散"里的"优先"选项都可灵活控制和更改。

    以作者个人的体会来看，当做到如图 7.7.11 所示的这个步骤时，画面应该留有一定面积的空白。这样在复制和旋转或翻转图层后仍有一定的背景空间，尽量避免画面的图形塞得太满。读者可多做几次这种练习，保存每一次的练习结果，以作为不同试验效果的设计资料储备。

6.8
滤镜应用概念

"滤镜"所产生的肌理效果对现代设计和绘画都具有较好的参考价值和适用性。掌握这类表现可给从事艺术创作者提供一些作品灵感的资源。"滤镜"中的每项程序都有不同的变化,简单的应用可能较单调或司空见惯。如果将其相互穿插运用,往往会有意想不到的效果。这种效果得靠读者去不断地尝试和探索以增加效果资料的积累。

这里运用一种基本的手段来体现不同肌理的立体表现,以期给读者提供一种操作手段的思路,读者可在这种基本手段中去不断地发挥和挖掘。

滤镜中表现立体的肌理大致有"浮雕效果"、"铬黄渐变"、"凸出"等。这里运用"光照效果"来进行,大致分三个步骤:①原图准备;②常规滤镜变化;③"光照效果"。下面挑选一幅曾经做过的练习"仿粗布印花"图片来看看"浮雕效果"和"光照效果"的不同之处。

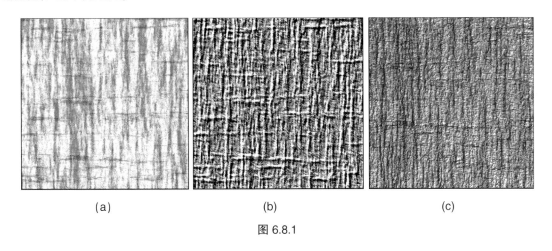

(a)　　　　　　　　(b)　　　　　　　　(c)

图 6.8.1

图 6.8.1(a)为"仿粗布印花"图片局部。图 6.8.1(b)运用了滤镜中的"浮雕效果"。图 6.8.1(c)运用了滤镜中的"光照效果"。比较来看,"浮雕效果"的局限在于失去了原图的色彩,立体表现单一,而"光照效果"所表现的立体较生动,仍保留了原图的色彩。

原图的来源很多,这里仅用滤镜中的"云彩"为素材,配合"光照效果"来阐明一种基本的肌理和立体表现效果。

6.8.1　肌理与立体表现 1

选择图 6.8.2 所示的图片。该图片含有图层,即云彩的下层做了一团白色,目的是让云彩的中间有些集中的亮度(并非都要如此,一般的云彩也行)。将图层合并。

图 6.8.3(a):在"滤镜"菜单里执行"杂色"\"中间值"的命令,调节数值为 32 左右。

图 6.8.3(b):打开滤镜菜单,选择"艺术效果"\"海报边缘",根据面板里的数据进行调节,变化的效果如图 6.8.3(b),形成了一层层整体的层次。

图 6.8.2

注意,图 6.8.3 的这一步骤请重命名保存,后面会用上。

下一步通过"光照效果"让每个层次产生含光源的立体感。

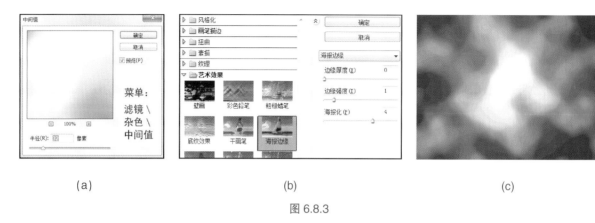

(a)   (b)   (c)

图 6.8.3

图 6.8.4:打开菜单"滤镜"\"渲染"\"光照效果",在弹出的"光照效果"面板里选择"聚光灯",可大致参照该面板的选项和数据进行调节,让画面产生立体感的关键是面板下方的"纹理"一栏,点击这一栏,选择里面的"红"选项,再将最下面"高度"一栏的数据往右调节若干,便产生了立体效果。

图 6.8.5:将聚光中心往右上或左上偏移,点按住聚光边缘的椭圆线段可移动调节光照范围的大小。这里的调节并非绝对,以个人的感觉为准。聚光灯的中心上部有一点白色的弧线,这个弧线可调节长短(见右下角放大图),调节变长可增加画面的光照亮度,线短则变暗。

图6.8.4

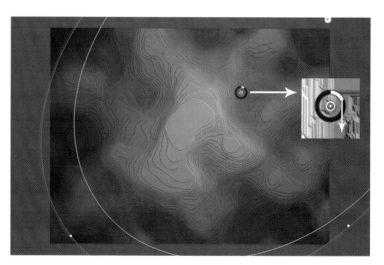

图 6.8.5

如图 6.8.6 所示为完成后调亮了的效果。

Photoshop 软件的新老版本针对同一滤镜中的操作有时效果会不一样。如图 6.8.7 是 Photoshop 3 的"光照效果"版本。和新版的操作界面不一样,表现出来的效果也有区别。

图 6.8.8 是 Photoshop 3"光照效果"后的表现,似乎比新版本的表现稍厚重些,表面的肌理也生动些,读者有兴趣可试试。

图 6.8.6

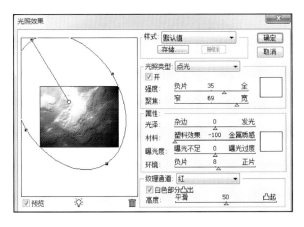

图 6.8.7

图 6.8.8

6.8.2　肌理与立体表现 2

本部分操作步骤和前面的操作步骤一样,即操作到图 6.8.3 的这一步。打开读者曾经保留的经过"海报边缘"化的过程图片,如图 6.8.9 所示。

图 6.8.10:执行"滤镜"菜单最下面的一行"其他"\"最大值"命令,在弹出的"最大值"面板里输入"30"的数值,操作后的效果如图 6.8.11 所示。

图 6.8.9

图 6.8.10

图 6.8.11

图 6.8.12:下一步执行"光照效果"命令。

在学习"光照效果"命令之前曾应用过某些"滤镜"功能,将这些"滤镜"功能再配合"光照效果"的命令往往会出现一些特别的肌理效果,这些效果针对某些设计会有辅助性的帮助,读者可根据以上的操作提示进行一些尝试,并记录下来,记录的方法可以用屏幕打印的方式,关于屏幕打印的方式在本教材最后的 "学习综述里"有介绍,读者可参阅。

下面是一组由常规滤镜的程序经"光照效果"后的图片。

图 6.8.13 是图 6.8.8 反相后的变化。

图 6.8.14 是经过了"最大值"处理后运行了"艺术效果"\"塑料包装"的结果,"塑料包装"面板里的数据如图 6.8.15 所示。

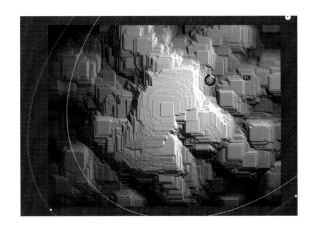

图 6.8.12

图 6.8.16 是经"塑料包装"后再执行"光照效果"命令的效果。

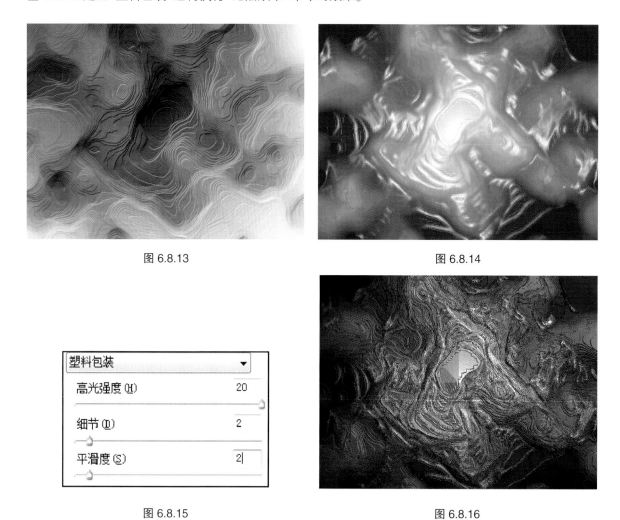

图 6.8.13　　　　　　　　　　　　　　　　　　图 6.8.14

图 6.8.15　　　　　　　　　　　　　　　　　　图 6.8.16

图 6.8.17(a)是"仿纤维壁挂艺术"里曾做过的图形,通过"光照效果"产生了图 6.8.17(b)的立体编织效果。

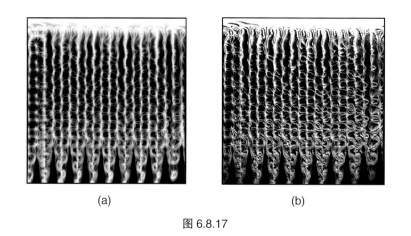

(a)　　　　　　　　　　　　　　　　　　(b)

图 6.8.17

6.8.3　肌理与立体表现 3

图 6.8.18 是"仿纤维壁挂艺术"里经过两次"波浪"扭曲后的图形(见图 6.6.2 和图 6.6.3)。该图片执行了两次

"扭曲"\"极坐标"\"极坐标到平面坐标"的命令,形成了图 6.8.19 的效果。

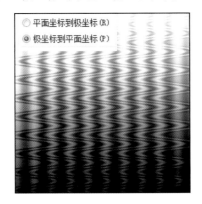

图 6.8.18　　　　　　　　　　　图 6.8.19

图 6.8.20:执行"光照效果"命令,完成后进行"反相"(见图 6.8.21)。

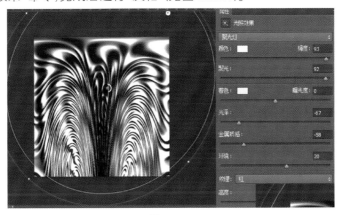

图 6.8.20

图 6.8.22:这个肌理形状太对称,通过执行"Ctrl+I"组合键"反相"后再执行"扭曲"\"波浪"命令,这个"波浪"的数据没进行调节,随机的数据。

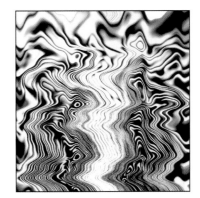

图 6.8.21　　　　　　　　　　　图 6.8.22

在纤维艺术的制作里,可用布浸透胶水后在半干的状态下塑造此型。现在市面上有一种吸水性很强的抹布,裁剪成条状、浸湿,制作弯曲的造型,干透后便可定型。

6.8.4　滤镜综合

滤镜应用过程如下。

图 6.8.23:纤维—素描 \ 撕边—光照效果—反相。

图 6.8.24：云彩—纹理＼龟裂缝—光照效果。

图 6.8.25：云彩—画笔描边＼墨水轮廓—光照效果。

图 6.8.26：云彩—扭曲＼海洋波纹＼旋转扭曲。

图 6.8.27：云彩—杂色＼中间值—艺术效果＼海报边缘—风格化＼凸出—光照效果（"凸出"面板里点选"金字塔"、"基于色阶"）。

图 6.8.28：这是模仿隔着凸纹的玻璃看对象。在一幅图片的基础上产生一个云彩的图层，过程：云彩—扭曲＼玻璃，"玻璃"的数据根据效果调节，将"玻璃"图层稍调透明，点击图层面板里的"图层蒙版"符号，用画笔配合黑色的前景色轻轻涂抹玻璃的某些部位使其稍显透明。

图 6.8.29 和图 6.8.30 是一位学生的纤维布帖作品，效果和图 6.8.6 的肌理效果相似。

图 6.8.23

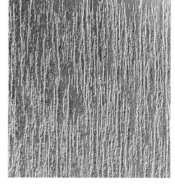
图 6.8.24

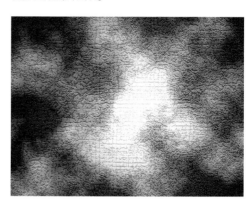
图 6.8.25

图 6.8.26

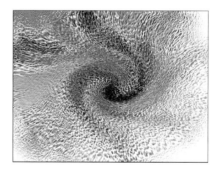
图 6.8.27

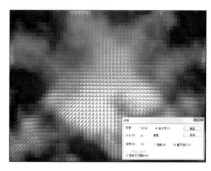
图 6.8.28

图 6.8.29

图 6.8.30

第 7 章

矢量图形基础应用

SHILIANG TUXING JICHU YINGYONG

课时:6课时。

目的:掌握矢量图形的塑造能力。

重点:曲线塑造。

元素的制作可以用矢量软件来进行。这有助于运用复杂的曲线来塑造形体。下面运用 CorelDRAW 软件来制作元素和简单的纹样,以丰富面料设计的元素来源。CorelDRAW 的界面如图 7.1.1 所示。

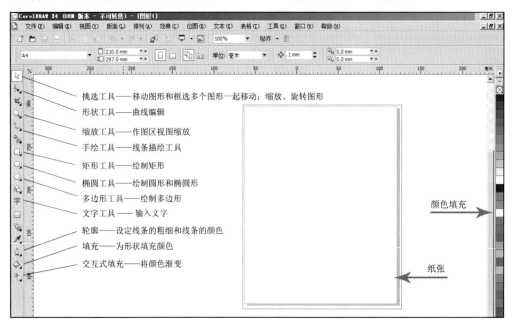

图 7.1.1

打开 CorelDRAW 软件后,界面中有一个默认的 A4 纸张,如要改变纸张的尺寸,可在"版面"菜单里的"页面设置"里重新选择其他型号的纸张。

学习该软件先了解几个要素:

(1)要给一个形上色,这个形必须是封闭的;

(2)绘制的几何形和线段并非是曲线的性质,如要对其进行曲线编辑,需"转换为曲线";

(3)如要复制一个图形,点取这个图形,然后在键盘中的小键盘上按一次"+"号键,便复制了这个图形;

(4)画正方形、正圆形、水平线、垂直线和横向、纵向移动形体,需按住键盘中的控制键,该软件的控制键为"Ctrl"键。

7.1
曲线原理

即使用工具栏里"椭圆工具"画一个圆,也不能称它为曲线。这里所指的"曲线"是具有曲线编辑功能的线段。

图 7.1.2(a)：选择工具栏里"矩形工具"，在纸张里按住鼠标左键拖画一矩形。这个矩形的四周出现了 8 个小方点。这和 Photoshop 软件里"自由变换"的功能相似，点按住角上的点可以缩放形体。和 Photoshop 软件不同的是，这个缩放是保持长宽比的缩放。点按住线段中间的点拖移可以将矩形变窄或变宽（见红箭头处）。用绿框内所指的"挑选工具"（即 Photoshop 软件里的"移动工具"）点按住矩形的边缘或矩形框内可移动这个矩形。

图 7.1.2(b)：选择工具栏里"形状工具"点按住角上的某一个小方点拖移，8 个小方点会同时沿着矩形的边框作对称移动，而并非是某一个点移动。这说明这个矩形不是"曲线"性质，不能使某一个点移动（但这里倒是为我们提供了一个四个倒角的矩形，这在 Photoshop 软件里是难以完成的）。

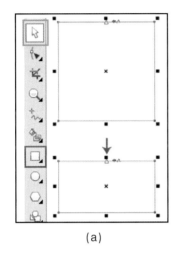

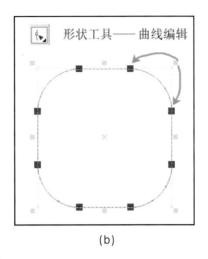

(a)   (b)

图 7.1.2

图 7.1.3：在保持矩形被选取的状态下，单击辅助栏里"转换为曲线"符号，矩形的性质变了，这时用"形状工具"点按住某一个小方点拖移，可以移动某一个节点了。

除了可以移动某一个节点外，还可以对某一线段进行曲线编辑。

当选择了"形状工具"后，辅助栏里会出现一排有关曲线编辑的系列选项符号。

图 7.1.4：用"形状工具"在某一线段中单击鼠标左键，出现了一个虚拟的黑点，这个黑点仅预示着将要进行下一步的编辑。下一步选择辅助栏里"转换直线为曲线"的命令符号。

图 7.1.5：转换后，线段两头的节点各产生了一个含箭头的支节点，朝不同的方向移动两个支节点的箭头处，使直线成为了"S"状的曲线，这便是曲线编辑的主要手段。

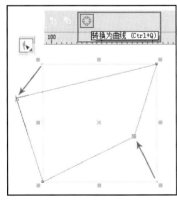

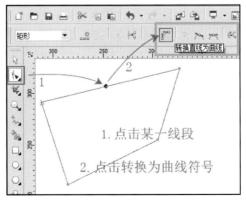

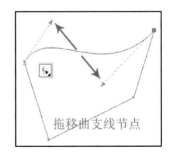

图 7.1.3   图 7.1.4   图 7.1.5

7.2
曲线造型

下面运用曲线的功能来制作简单的叶子图形。

图 7.2.1：选择工具栏里"手绘工具"，单击鼠标左键在画面里点上第 1 点，松开鼠标左键，接着按住控制键（"Ctrl"键），向下移动鼠标点上第 2 点，松开鼠标，产生了一条垂直的线段，这条线段还不具备"曲线"的性质。选择工具栏里"形状工具"（红框内）在线段中单击鼠标左键，产生一个虚拟的点，接着点击"图 7.1.4"中的"转换直线为曲线"的命令符号。

图 7.2.2：①用"形状工具"选择下端的支节点箭头向左移动，形成如图 7.2.2 的曲线；②选择工具栏里"挑选工具"，线段产生了 8 个小方点，接着按一次键盘上的"+"号键复制这个线段（只能按一次！虽然看不见，但已复制了），复制的目的是为了翻转这个线段到右边，形成两条对称的曲线，注意图中圆圈内的这个小方点，翻转时需点住这个点，按住控制键向右移动，移动至翻转后松开鼠标，翻转的效果如图 7.2.3 所示。

图 7.2.3：叶子由两条对称的曲线组成，这时还无法给叶子着色。因为它不是一个封闭的形，还得经过两道程序才能具备着色的条件。用"挑选工具"框选这两条线段，框选的范围应大一些，如图 7.2.3 的右边蓝色虚线。

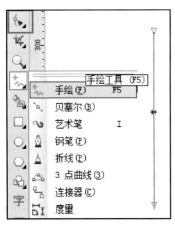

图 7.2.1

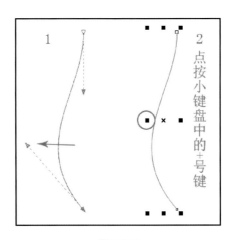

图 7.2.2

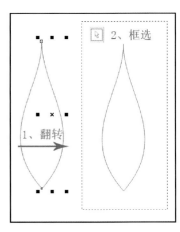

图 7.2.3

图 7.2.4：框选后点击菜单栏里"排列"\"结合"命令，使两条曲线成为一个整体。完成了着色前的第一步（不同的版本命令词汇不一样，如果你用的是 X4 以上的版本，可参考图 7.3.5 的命令提示）。

图 7.2.5：框选两头的节点使节点封闭。

用"形状工具"先框选叶子的上端，再点击辅助栏里"连接两个节点"的符号，叶子上端的两个节点合成了一个节点。用该工具再框选叶子下端的两个节点，继续点击辅助栏里"连接两个节点"的符号，于是，这片叶子由 4 个节点变为了两个节点，形完全封闭了。这时可在软件界面的右边色彩填充栏里寻找一个绿色进行

图 7.2.4

填充。点击一个绿色便完成了色彩填充。

图 7.2.6 和图 7.2.7：一般填充的颜色为平涂，如要使填充的颜色渐变，可在填充了色彩后，再选择工具栏里"交互式填充"工具，在叶子里由下往上拉渐变，渐变后，默认的浅色为白色。如要改变颜色，可点击上边红框内白色旁边的三角按钮，会弹出一个系列色彩选取框，选择和点击淡蓝色，叶子上部的白色变为了淡蓝色。

如果单击"线性"栏旁边的三角按钮，会有不同的渐变方式。

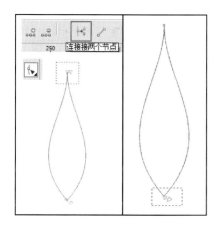

图 7.2.5

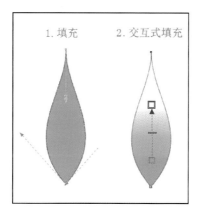

图 7.2.6

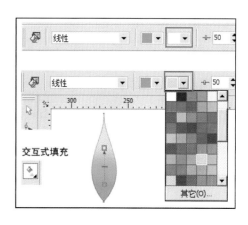

图 7.2.7

7.3 曲线编辑

7.3.1 图形结合

一个基本曲线造型完成后，经常需对其深化编辑，这需要更多的功能来完成。如果在一片叶子内叠加其他的叶子，只要将这片叶子复制、缩小、改变色彩，然后在放进大叶子中进行组合编辑便可以了。但有时需要这一组叶子成为一个独立的元素，而非是一组叶子的叠加，就得运行"结合"命令来完成（在 X7 的版本里改为了"合并"一词）。

图 7.3.1：将叶子复制、填充白色、缩小，拖入大叶子里。再复制，移动到右下位置，用"挑选工具"再点击一次复制的叶子，四周 8 个小方点变为了箭头符号，点按住角上的箭头拖移可让叶子旋转，其中正中间的圆圈符号表示旋转的圆心，这个圆心的位置可以移动。如果选择中间的箭头拖移，可使拖移的一边产生倾斜偏移。

图 7.3.1 中左边选取的叶子下端超出了中线，可将下边中间的箭头向左拖移，拖移后的效果见该图的右边。

图 7.3.2：如想继续丰富图形，将叶子复制、再缩小，围绕上边的白叶子周

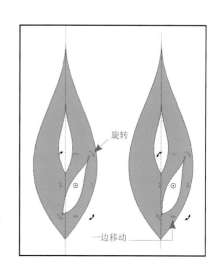

图 7.3.1

边作旋转排列。

图 7.3.3：有时在微距离移动一个形时会有卡顿的现象，难以控制到位，这时可将"贴齐对象"或"贴齐辅助线"的勾选去掉（辅助线和 Photoshop 软件一样从标尺里拖出）。不同的版本勾选的位置不一样，早一点的版本是在"排列"菜单里勾选，晚一些的版本是在菜单栏下面的辅助栏里勾选（见图 7.3.3，这里以"X4"和"X7"的版本为例）。

图 7.3.4：右边新做的一组小叶子排列如图 7.3.4，用"挑选工具"框选这组叶子（最顶端的除外）。

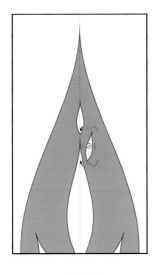 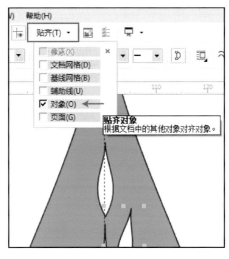 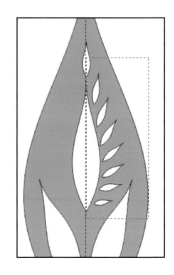

图 7.3.2　　　　　　　　　　　图 7.3.3　　　　　　　　　　　图 7.3.4

图 7.3.5：框选后可合并为一个整体（参考图 7.3.5 中不同版本的命令），合并后点按小键盘上的"+"号键复制，再向左翻转、移动，效果如图 7.3.6 所示。

图 7.3.6：图形布局完成后，如果要将这一组叶子成为一个独立的元素，可以用"挑选工具"框选全部的叶子，继续运行"合并"或"结合"的命令，便完成了独立元素的操作（图 7.3.6 中白叶子内的变化可暂不去理会）。

合并后，原来叠加在大叶子里面的白色叶子已不是曾经填充的白色，而变为了空心的成分。

以上的"结合"（或"合并"）是将主题内的多层次叠加合并成为了一个层。还有一种结合是将两个以上的形并置在一起，合并后改变为一个新的形，如三片叶子的造型。

 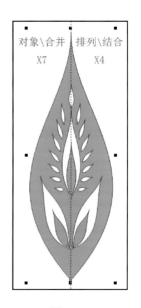

图 7.3.5　　　　　　　　　　　　　　　　　　图 7.3.6

图 7.3.7：如图将三片单独的叶子并置在一起，全部框选后运行"结合"（或"合并"）的命令，虽然也成为了一个单独的整体，但两个形的重叠处会留下一个负形，即镂空。

还有一种"合并"可以没有这个交叠的负形。

图 7.3.8：将三片单独的叶子并置在一起后整体框选，运行菜单"对象"\"造型"\"合并"的命令，三片叶子形成了一个无缝隙的整体造型（在 X4 的版本里为"排列"\"造型"\"焊接"）。

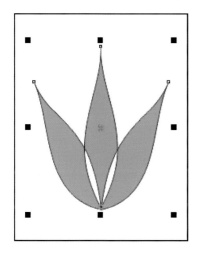

图 7.3.7

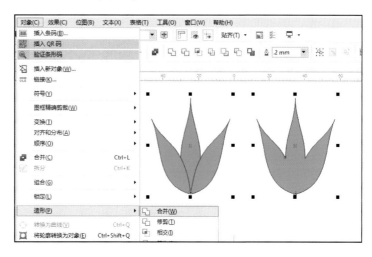

图 7.3.8

7.3.2 图形修剪

将一个形的局部覆盖在另一个形的上面时，利用上层的形减去下层的形，称为"修剪"。

图 7.3.9：这里需注意一个前后关系，即上层的图形为修剪层，下层的图形为被修剪层。如果修剪层在被修剪层的下面，可选取修剪层，然后执行"对象"（X4 版本为"排列"菜单）\"顺序"\"置于此对象前"，这时会出现一个如图的黑箭头，将箭头对准要被修剪的图形单击鼠标左键，修剪层便转换到了被修剪层的前面。

CorelDRAW 在作图时，后来做的图形往往处在上一个做过的图形前面，而根据设计的需要，经常要做前后关系的调整，因而这个"顺序"的程序会经常用到。

图 7.3.10：将修剪和被修剪的两个图形一起框选，运行"对象"（或"排列"）\"造型"\"修剪"的命令。如果将修剪层移开，可以看到圆形被修剪掉的缺口。

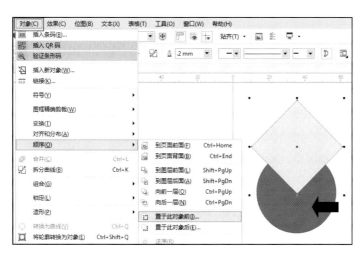

图 7.3.9

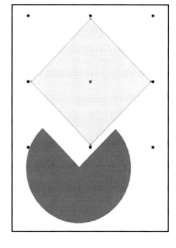

图 7.3.10

根据"修剪"的原理,做一个简单的羽毛图形进行修剪练习(见图 7.3.11)。

操作提示:

(1)用"手绘工具"绘形;

(2)羽毛填充白色,毛杆填充灰色;

(3)绘制若干个小三角形作为修剪的形;

(4)绘制一矩形,排列到最后面,做交互式填充;

(5)在工具栏里选择"轮廓"工具(参考图 7.3.21),选择含"×"的工具符号去掉羽毛轮廓线;

(6)羽毛的某些分叉处可运行曲线项。

图 7.3.11

7.3.3 图形旋转一

旋转的图形在适合纹样里经常用到,即一个单独纹样围绕中心点旋转。

图 7.3.12(a):做一个合并的三片叶子,填充绿色。在叶子下面画一细长条矩形,和叶子的底端重复少许。框选两个图形,运行"对象"\"造型"\"合并"(或"焊接")的命令,使其成为一支整体的枝叶。

图 7.3.12(b):做一个经纬数据的中心点。

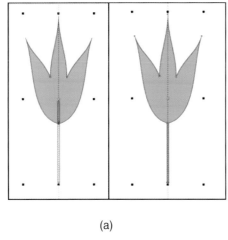
(a)

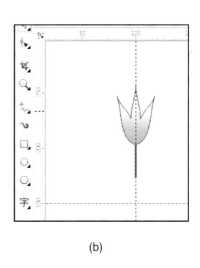
(b)

图 7.3.12

从作图区边缘的标尺里拖出纵横辅助线,纵线对准上排标尺里 100 的数据,横线对准左边标尺里 150 的数据,两根辅助线交叉处便是旋转的圆心。将枝叶的中心对准纵向辅助线,距横向辅助线稍上一点的位置。

图 7.3.13:运行"对象"("或排列")\"变换"\"旋转"的命令。

图 7.3.14:界面的右边会弹出一个"变换"的面板,选择面板里"旋转"符号,在旋转角度的数据栏里输入"45"度数值,在"X"栏里输入"100"的数值,"Y"栏里输入"150"的数值,在"副本"(即纹样的个数)栏里输入"8",表示旋转后的纹样有 8 个。

在早一点的版本里没有"副本"一栏,有一个"应用于再制"的按钮,即点击这个按钮一次,便复制和旋转了一个纹样,需接着单击这个按钮只到完成 8 个图形的旋转复制。这里点击面板里的"应用",便产生了 8 个旋转的纹样,完成的效果如图 7.3.15 所示。

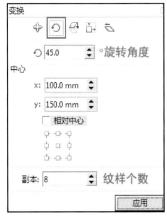

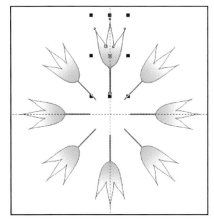

图 7.3.13 图 7.3.14 图 7.3.15

图 7.3.16：如果要在两个枝叶之间添加一个元素，可以将这个元素和正中间的枝叶对齐，在变换面板里"X"和"Y"栏里仍保持 100 和 150 的数据不变，旋转的数据是 45 度的二分之一，即"22.5"度，这个 22.5 度只是为了放置到元素应有的位置，因而暂不输入个数（见图 7.3.17）。

图 7.3.18 是元素旋转一次后的位置图。接下来的操作和图 7.3.14 如出一辙，完成了元素的旋转复制。

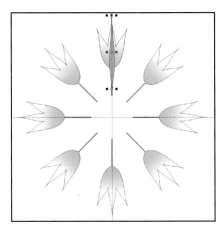

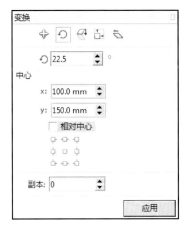

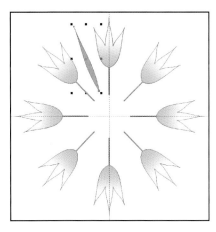

图 7.3.16 图 7.3.17 图 7.3.18

图 7.3.19 和图 7.3.20：适合纹样会有一道外边缘线，这道外边缘线实际上是填充了一个正圆形的面。由于这个圆形是后来画的，在填充了色彩后会覆盖住所有的图形，因而要在"顺序"选项里执行"到页面背面"的命令，这个"页面"的用词不是很明确，早期的版本称为"到最后面"，概念比新版本清晰，因而大家在这种不明确的命令里多练习、多体会以便掌握。

将填充了色彩的圆形放到所有的图形后面之后，在小键盘上按一次"+"号键复制一个圆，接着换一种色彩填充，再稍微缩小这个圆，注意和后面的圆同心，这样后面圆圈的色彩便形成了一道细圈。注意这个圈的色彩不需过于强烈和跳跃，以免抢夺了主题。

图 7.3.21 仅说明去掉轮廓线的方法。图形设计有时不需要轮廓线，将

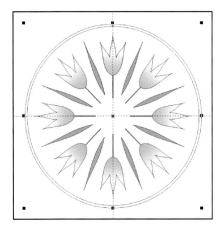

图 7.3.19

图形选中后,按照图例所示选择"无"去掉轮廓线。

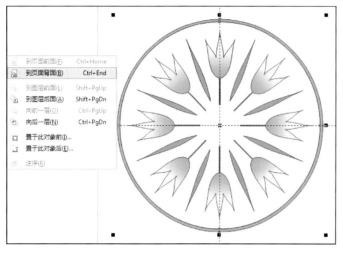

图 7.3.20

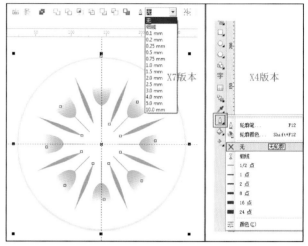

图 7.3.21

7.3.4 图形旋转二

编辑图形的过程中,有时坐标的数字不很明确,这时可用一种围绕十字形辅助线中点旋转的方法,这种旋转的方法更方便和常用。

在做方形适合纹样时,中心部位的图形会用到旋转,四个角上的对称图形也需用到旋转,而旋转的前提需要将贴齐辅助线勾选,否则圆心无法精准地对齐辅助线的中心(打开光盘文件:"旋转练习")。

图 7.3.22:右上角的一组角域图形需复制到另外的三个角上。先框选这组图形,产生了 8 个小方点后在图形内再点击一次鼠标,8 个小方点成为了 8 个箭头(图中右上角的绿箭头所指为角上的箭头,4 个角上的箭头都可用作旋转)。按一下键盘上的"+"号键复制这组图形。

8 个箭头中心的小圆圈表示旋转的圆心,将这个圆心拖移到十字形辅助线的中心点,在贴齐辅助线的条件下,圆心会精准地卡顿在十字形辅助线的中心(见图 7.3.23)。

图 7.3.22

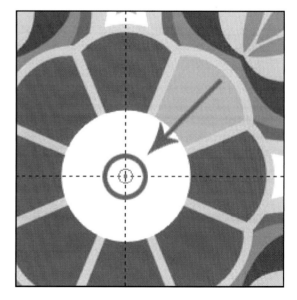

图 7.3.23

图 7.3.24：按住控制键（Ctrl），鼠标点按住右上角图形周边角上的箭头往左（或往右下）进行旋转拖移 90° 至画面的另一角上对齐。

　　复制旋转后图形周边仍显示着 8 个箭头，按一次键盘上的"＋"号键继续复制，观察圆心是否还在辅助线的中心，保证圆心处在辅助线中心的位置，再来一次复制旋转，直到完成四个角的图形。

　　将上述的旋转方式变通一下。可随意做个椭圆或长矩形放置在图 7.3.25 的位置，按照下面的方法进行旋转。

　　图 7.3.25：这是适合纹样中心的元素。按一下"＋"号键复制这个元素，再单击鼠标产生旋转的箭头符号，将圆心拖移到十字形辅助线的中心点，按住控制键将这个元素旋转 180°（见图 7.3.26）。再按住"Shift"键连选上下两个元素，运行"合并"，将两个元素合为一个元素。

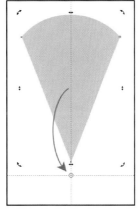
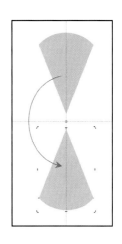

图 7.3.24　　　　　　　　　图 7.3.25　　　　　　　　　图 7.3.26

　　图 7.3.27：再次复制和旋转这个合并后的元素时，圆心自然就处在了十字形辅助线的中心点位置，复制旋转后继续将这两组图形合并。

　　图 7.3.28：由这 4 个元素合并后的整体图形继续复制和旋转一次，便完成了由 8 个元素组合的中心图形。

　　如果这个过程中不进行合并操作，得复制和旋转 7 次，因此合并的意义只是为了节约操作次数而已。

　　旋转的操作不难，比较麻烦的是在多个图形编辑中，不断调整各个图形之间的前后关系，这是一项细致的工作。作图过程中，往往将画面中旋转后对称、同形的图形合并，便于整体调节图层的前后关系。

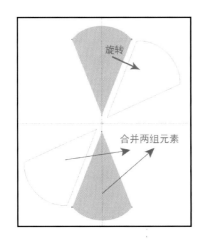
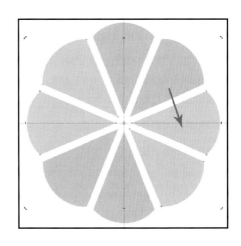

图 7.3.27　　　　　　　　　　　　　　　图 7.3.28

7.4
节点编辑

7.4.1　尖突节点

先前做叶子是用线做出叶子的一半,再通过复制、镜像出叶子的另一半。如果简单地用一个椭圆来做叶子,读者可能认为椭圆没有尖角,很困难,其实不难。

图 7.4.1:用工具栏里"椭圆工具"绘制一个椭圆形,接着单击辅助选项栏里"转换为曲线"的符号(见图 7.1.3),让这个椭圆变为曲线的属性。

选择"形状工具",在椭圆上端的节点处点击一下,接着选择辅助栏里"尖突节点"工具继续点击这个节点。

图 7.4.2:节点处所产生的支节点已不是"跷跷板"的状态(你可以点击下端没有"尖突"过的节点,试着调节支节点体验一下"跷跷板"的感觉)。

将两个支节点向下调整,让叶子的上端尖突。

也许有人会问,为啥不用椭圆做叶子呢。答案是可以做,但如果需在椭圆的两边做叶子的曲线造型,将难以做到绝对对称。

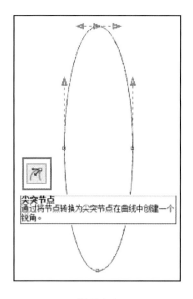

图 7.4.1

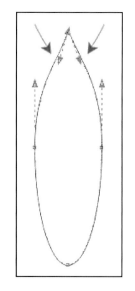

图 7.4.2

图 7.4.3:假如要在如图的图形里"添枝加叶",可以在一个平滑的线段里增加节点,从节点上做文章(读者可用"手绘"工具自己做一个如图的叶子)。用"形状工具"在图中红箭头所指的线段处点击一下,接着按一下小键盘上的"+"号键(或选择辅助栏最前面含"+"号的辅助工具),该线段增加了一个节点,接着让这个节点"尖突"。

图 7.4.4:在新增的节点下面再增加第二个节点,将这个节点往外拖移,运行"尖突"。

图 7.4.5:调节这个节点的支节点,调节后的效果如图 7.4.6 所示。

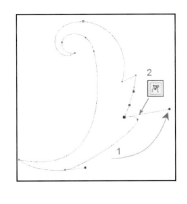
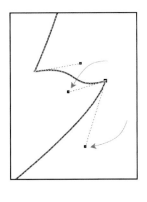
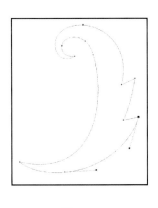

图 7.4.3　　　　　　　图 7.4.4　　　　　　　图 7.4.5　　　　　　　图 7.4.6

当然,如果仅为了在这个线段上"添枝加叶",还可以用"合并"的方法来完成("合并"的方法如图 7.3.8 所示)。

图 7.4.7:用"手绘工具"画一个如图 7.4.7 的三角形。

图 7.4.8:用"形状工具"在三角形的外斜边上点击,运行"转换直线为曲线"命令(参考图 7.1.4),再通过调节支节点成为如图的曲线状,然后运行菜单"对象"\"造型"\"合并"的程序(或者为"排列"\"造型"\"焊接")。完成的效果如图 7.4.9 所示。

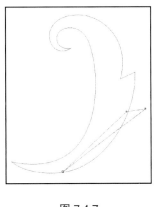
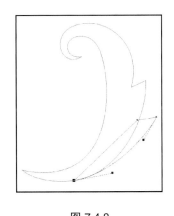
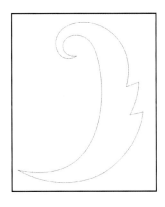

图 7.4.7　　　　　　　　图 7.4.8　　　　　　　　图 7.4.9

7.4.2　断开曲线

前面做叶子时将两个对称线段的节点结合为一个节点,同样可将一个节点分离,比如在组合多个图形时需要修改其中的一个对称图形,为了保证修改后的对称,需删掉该图形的一半,修改后再镜像、合并。("断开"一词在有些版本里也称为"打散"。)

图 7.4.10 中的符号便是"断开曲线"符号。先画一个正圆,再复制,将复制的圆移到第一个圆的下边,对齐。下一步将这两个上下紧靠着的正圆通过断开曲线组成一个"S"形。

先将两个圆形"转换为曲线",用"形状工具"在上圆圈右边的节点上点击,接着点击辅助栏里"断开曲线"符号。

图 7.4.11:断开后的节点成为了两个重叠的节点,仅显示了一个支节点,这个支节点朝下,表示圆圈右边被选取的节点属右下的线段,按一下小键盘上的"－"号键可删除这个节点。

图 7.4.12:删除这个节点后,右下的线段消失了。将下面圆圈也进行"断开曲线"的操作,但不要删除,因为断开的节点上的支节点也朝下,这预示着删除的是左下的线段,但需要删除的是左上的线段。可换种方式操作。

图 7.4.13:用"形状工具"在下圆圈左上段的线段中点击,接着点击辅助栏里"断开曲线"符号,这段曲线的中间将产生两个断开的节点。

图 7.4.14：用"形状工具"框选这个节点，表示框选了两个重叠的节点。按删除键，从图 7.4.15 中可看到下面圆圈左上的线段消失了。由此可知要删除曲线图形中的某一线段时，用"形状工具"点选这个线段，再断开和删除节点便删除了这一线段。

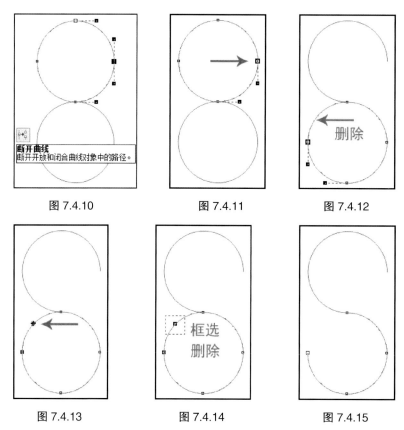

图 7.4.10   图 7.4.11   图 7.4.12

图 7.4.13   图 7.4.14   图 7.4.15

7.4.3 节点缩放和平滑

一个对称的图形如要整体地变宽或变窄可以简单地缩放便可完成。如要调整这个形的某一段宽窄可运用"延展与缩放节点"选项来完成。下面的图例可从光盘里打开"节点编辑"的文件来练习。

图 7.4.16：该图左边是一个奇怪的形，下一步用它来变为一个右边的花瓶。用"形状工具"点选图中红点所示的位置。

图 7.4.17：单击"转换曲线为直线"符号，让下面的弧形变为直线（这里仅说明曲线变为直线的方法，要注意这个线段两头的节点是"尖突"的，否则在变为直线后，会影响到相邻的线段畸变！）。

图 7.4.18：将瓶颈改细。用"手绘工具"框选图中虚线所示的两个节点。

图 7.4.19：点选辅助栏里"延展与缩放节点"符号，产生了 8 个小方点，鼠标对准红箭头所指的中间的小方点按下鼠标左键，同时按住键盘上的"Shift"键，向中间拖移，瓶颈变细了。

图 7.4.20：瓶颈变细后，紧靠着的下面两个节点的线段变生硬了，不自然。

图 7.4.21：用"形状工具"点选其中的一个生硬节点（或框选这两个生硬的节点），点选辅助栏里"平滑节点"符号，使两个节点处变圆滑，完成的效果如图 7.4.16 右边所示。

"平滑节点"和"尖突节点"是一对性质相反的选项，尖突节点后，节点两边的支节点可以分别调节，而"平滑节点"使两边的支节点调节时呈"跷跷板"状。

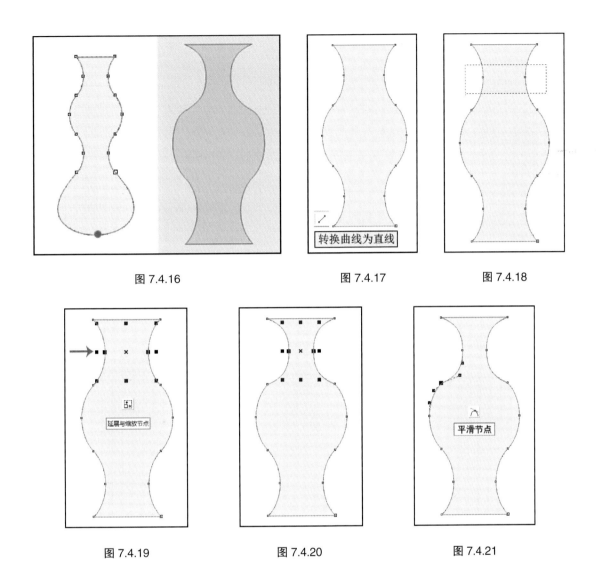

图 7.4.16　　　　　　　图 7.4.17　　　　　　　图 7.4.18

图 7.4.19　　　　　　　图 7.4.20　　　　　　　图 7.4.21

　　有关曲线的方法就讲到这里,第 6 章所讲授的矢量图形编辑针对常规图形以及适合纹样等已基本够用了,通过多练习后可应用熟练。

7.5
文件输入与输出

　　有时,我们需要调入一幅图片在界面里对着来进行描绘,这需要"输入"一幅图片到 CorelDRAW 的界面里。选择菜单"文件"\"输入"(老版本也有称"导入"的),然后会弹出寻找文件的面板,在面板里找到所需的图片后点击"输入"的命令,然后在界面里按住鼠标左键由左上往右下拖移,松开鼠标后便出现了该图片。如果要在输入的图片上描绘线条,可在界面的空白处单击鼠标左键,取消对图片的选取,再进行描绘。

　　图 7.5.1:当在 CorelDRAW 里制作了矢量图形后,可以输出为 JPEG 的文件,以便在 Photoshop 软件里进行编

辑。在输出前可以用"矩形工具"在图形的外面框选一个区域范围(见图中的"框线"处),这样在输出后的 JPEG 图片范围便以外框作为整个画面,否则,纸张的范围紧靠着图形的边缘,对选区的操作稍有阻碍。

图 7.5.2:完成后执行"文件"\"输出"命令,弹出了一个输出的面板,在面板里的"色彩"一栏里选择"RGB 色彩"选项,在"解析度"一栏里根据大小的需要可选择"100"、"200"、"300"dpi 等文件大小,点击"确定",在后面弹出的面板里继续点击"确定",便完成了图形的输出。

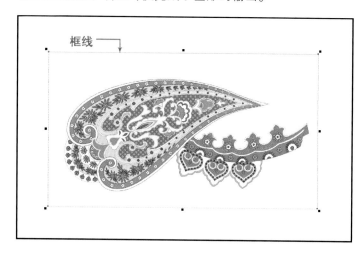

图 7.5.1

图 7.5.2

思考题

根据所学的曲线造型、图形结合、图形旋转等知识,用 CorelDRAW 软件设计一幅正方形或正圆形的适合纹样,要求图形饱满,层次丰富,色彩协调,点、线、面配置合理,纸张为 A3 大小。

适合纹样的概念:在一个规定的外形里,如圆形、方形、三角形、多边形等,组合一组完整的图形,图中避免出现大面积的空白。当去掉这个图形的外框后,框内的图形仍是这个外框所界定的图形,比如六边形的适合纹样,当去掉了这个六边形的外框后,框内的图形仍呈六边形,并且图形是完整的(完整是指靠近外边缘的元素应完整,不要溢出边框外)。

第 8 章

四方连续组合

SIFANG LIANXU ZUHE

课时：10课时(含完成作业)。

目的：掌握四方连续的重复原理。

重点："标尺"与对位。

难点：连续后整体布局的匀称与合理。

前面的章节讲解了 Photoshop 的综合基础操作练习。限于课时的安排不能将所有的工具讲到,但作为本专业的应用基本能胜任了。本章针对印染专业的课程来进行编写,主要讲授面料的拼接设计。

四方连续是圆网印花的组织方式,至今在大型印染厂仍是主要的面料设计手段。在计算机普及之前,四方连续靠人工完成,其工作难度之大可想而知,计算机为这项工作带来了极大的方便,并提高了拼接的精确性。

单位纹样并非"单独纹样"。单独纹样是综合图案之中的一个元素。单位纹样是四方连续中的一组元素,由这一组元素向四周延续,即为四方连续。这组元素有单个的元素,有组合的元素,组合的元素较单个的元素丰富。四方连续的排列讲究画面的错落变化,忌讳水平和垂直,即成了"格子"状。

图 8.1.1：属典型的格子状排列,扩展开后成了图 8.1.2 的状态,显得呆板、机械。

图 8.1.3：如果在排列中穿插了不同形态的元素,会对之前的状态有所改善,但"格子"状仍存在。

图 8.1.1

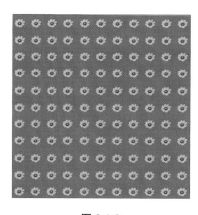

图 8.1.2

图 8.1.3

图 8.1.4：将画面旋转 45° ,1 和 2 排的花形错开了,打破了"格子"状的现象。

图 8.1.5：如果将 2、4 排的花形换个方向,画面又增加了几分活力。

图 8.1.4

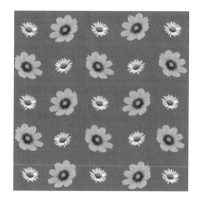

图 8.1.5

总体而言,这种单一元素的组合过于简单,因而显得单调、乏味。

面料设计的素材来源很丰富,大自然的任何物象都可以成为创作的元素,在这里只是讲解拼接的原理,下面继续以花卉为题材来完成单位纹样的建立。

图 8.1.6:新建 4200 像素 × 4200 像素的纸张,给纸张填充深蓝色。选择"矩形选框工具",按住控制键,根据位置框选一个正方形选区,然后拖出 4 根参考线紧贴选区的四边,再取消选区。

打开图 8.1.6 所示的图片,这是一个含有图层的 PSD 文件。在图层面板里将"图层 1"和"图层 2"连选,再一并拖入纸张里,将这两个图层合并,再通过"自由变换"缩小花卉。

图 8.1.7: 将花卉放在纸张的左上角紧贴横竖参考线,再复制 4 个花卉如图放置。4 个角上的花卉都紧贴参考线。

图 8.1.6   图 8.1.7

图 8.1.8:将正中间的花卉执行"编辑"\"变换"\"水平翻转"命令,让排列产生变化。

在"花卉资料 4"的图片里选择"图层 2",将"图层 2"的花卉拖进来,"去色"、"自由变换"缩小,移到图中和左边参考线对齐的位置。

图 8.1.9:将白色的花卉复制、缩小、"水平翻转",接着将缩小的花卉复制,逆时针旋转,摆放的位置如图。

选择大白花,将其复制,移动到画面的上边备用。

连选左边的三个白花图层、合并。

图 8.1.10:选择右上角的花卉图层使其成为当前图层,拖出纵向参考线对齐这组花卉的左边缘。

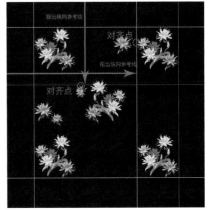

图 8.1.8   图 8.1.9   图 8.1.10

再选择左边的三个白花图层,拖出横向参考线对齐三个白花的上边缘。

图 8.1.11:三朵白花为当前层,按"Ctrl+J"组合键复制这组白花,移动到画面的右边,对齐上边和左边的参考线,对齐后取消这两根参考线。

图 8.1.12:选择上边备用的白花图层使其成为当前图层。和左边三朵白花的操作一样,复制、缩小、旋转或翻转,摆放的位置如图,然后合并这三朵白花。拖出横竖参考线,对齐这组白花的左边和上边。

图 8.1.13:选择右下的彩色花卉,使其成为当前层。

图 8.1.11

图 8.1.12

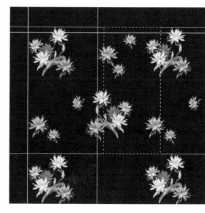
图 8.1.13

将最下边的横向参考线上移,对齐这组花卉的上边缘。选择"矩形选框工具",沿着最上边参考线和下边参考线框选一个选区作为标尺使用。

图 8.1.14:将选区下移,选区的上边缘紧贴第二根靠着白花的参考线,拖出横向参考线紧贴选区的下边缘,取消选区。

图 8.1.15:将画面上方的一组白花复制,拖入画面的下方对齐最下边的横向参考线和左边的纵向参考线。通过标尺使上下两组白花很精准地和上下两边的彩色花卉保持一致的水平对位,给四方连续提供精准的衔接条件,同时完成四方连续前的单位纹样组合。

图 8.1.16:将上下两组参考线的下面各一根取消,剩下的这 4 根参考线是一组单位纹样的区域,即两根纵向参考线右边的花形相同,两根横向参考线下边的花形也相同,这就保证了 4 根参考线内的图形向四周延续的可行性。

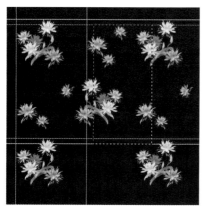
图 8.1.14

图 8.1.15

图 8.1.16

图 8.1.17:沿着这 4 根参考线内框选一个方形的选区。

图 8.1.18：在花形内移动这个选区到任意一个位置，都可保证单位纹样的精准延续。

设计到这一步时可存储这个还没合并图层的文件，以备后来感觉连续的效果不满意时再修改。

除背景层以外，合并所有的花卉图层。按"Ctrl+J"组合键复制选区内的花卉，再隐藏或删除原来的花卉图层。

图 8.1.19：在"视图"菜单里单击"清除参考线"的命令。将复制的花卉图层移动到画面的左上角，用"自由变换"将图形缩小到小于画面四分之一的范围，再拖出横竖参考线紧贴图形的右边和下边。

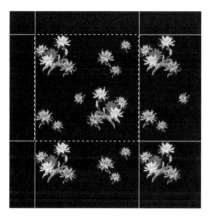
图 8.1.17

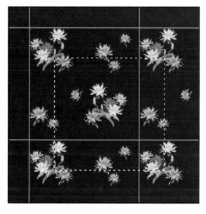
图 8.1.18

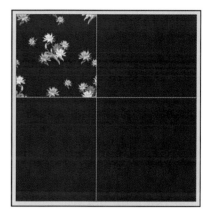
图 8.1.19

图 8.1.20：将这个单位纹样向四周复制，复制后紧贴参考线，直到复制满为止。

图 8.1.21 是完成的效果，从完成图来看，画面没有出现"格子"状，分布较均匀，这是面料设计中应体现出来的一种排列意识，这种意识的表现需多做练习。

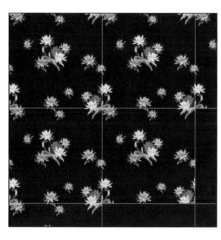
图 8.1.20

图 8.1.21

练习

打开图 8.1.22 所示的图片。这是一组含图层的单位纹样，图 8.1.23 是已完成的四方连续排列。显然，单位纹样的色彩和四方连续里的花卉颜色不一样。这是将单位纹样的色彩做了一些调整，读者可根据前面所学的"图像"\"调整"里的知识进行重新组合练习，完成一幅面料的四方连续作业，以巩固所学的知识。

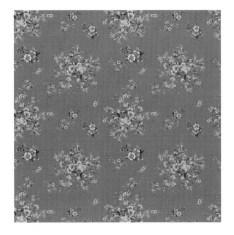

图 8.1.22 图 8.1.23

作业

选择不同的任意素材组合,完成一幅 A3 尺寸的彩色四方连续设计作业。

学习综述

有关图形软件的课程就讲到这里,根据专业课程的安排,不能一一叙述两大软件的所有程序。但本书所涉及有关软件的基础操作已作了较详细的介绍,已能胜任本专业的设计工作。就像绘画的学习一样,有了一定的基础,从创作的技巧上难度不大,难度在于创作的思想。因此建议读者带着设计思想有目的地去学习软件,这样便能激发学习的积极性和能动性,做到学习软件为设计服务。

在图形软件的学习和应用中,读者可以参考以下的方式来辅助学习。

一、综合的学习和应用

本书将适量软件和图像软件综合起来讲解,意在启发读者的综合应用思维和综合应用能力。读者还可配合手写板的运用,能更充分地服务于设计。作为面料设计,素材来源仍以手绘的元素为本质,因此,提高绘画能力是保证优秀设计的一个重要前提。

二、探索与记录

软件的学习除了借助有关的书籍外,自我探索也是学习的因素之一,比如将图层、图层混合模式结合"滤镜"的功能反复摸索,会产生一些意想不到的效果,将这些意意想不到的效果记录下来便形成了经验。

记录的方法为屏幕打印,比如在操作 Photoshop 的过程中,出现了满意的画面时,可按一次键盘上排靠右边的"Print"或"PrtSc"键(不同的键盘字母略有区别),再按"Ctrl+N"组合键,界面会出现一个适合屏幕分辨率的空白纸张,再按一次"Ctrl+V"组合键,纸张里出现了作图时的操作界面,合并图层后作为学习资料保存,这个保存的画面中的"历史纪录面板"提供了操作过程。屏幕打印前记得将历史纪录面板拉长,以显示全部的操作记录,最好在操作的中途也进行一次屏幕打印。

三、素材积累与拍摄技术

设计离不开素材，而素材的积累需靠平时多用心地去发现、去收集。收集的方法可以是手绘，也可以用扫描仪扫描书籍资料，大多情况下是拍照。现在的手机越来越先进，其拍摄的质量已接近照相机的水平了，但如果对拍摄的作品有严格的要求，手机和照相机仍有较大的差距，因为手机没有光圈的调节，而光圈与快门速度的配合对照片的效果有着重要的作用。为了让读者掌握一些拍摄的知识，下面介绍拍摄的基本原理，以利于正确地摄取素材和掌握摄影技术。

1. 光圈大小

光圈在照相机中是决定进光量的一个部件。光圈可以调节大小，光圈大，进光量就大，光圈小，进光量就小。进光量的大小有什么意义呢，就好比人的眼睛，在黑暗中会睁得大大的，在强光下会眯缝着眼睛，眯缝着眼睛会阻挡大部分的进光量，照相机亦是如此，当处在很暗的环境拍摄时，须将光圈调至最大，当处在很明亮的环境拍摄时，须将光圈调小。照相机都有调节光圈大小的数据，由大到小的数据大致为 2.8、3.5、4.5、5.6、6.3、7.1、8.0、9.0、11、16、32 等，数字越小，光圈越大，数字越大，光圈则越小。光圈的大小对画面会产生什么影响呢？

（1）景深大小。景深，即近景和远景的距离，有时拍摄人物时，需要将人物的周围和背景虚化，这时尽量用最大的光圈，仅让人物清晰，这称为"小景深"。如果拍摄一片树林，需要将远近的物体都拍清晰，这时便用小光圈，如 11 至 16 等，便能使远近的物体都清晰，这称为"大景深"。由此可知，光圈大，景深小，光圈小，景深大。

（2）层次。针对阳光下的风景，使用大光圈会使画面略显单薄，亮光处的层次减少，这时可用 5.6 以上的光圈，增强画面的厚重感。

2. EV——曝光度

照相机里有一个 EV（曝光度）的调节，曝光不足为 – EV（负），曝光偏亮为 + EV（正），正和负都有多个级别调节，一般来说，正确曝光的 EV 值为 0。其实很多情况下，EV 值为 0 的画面其亮部的层次不够丰富，因此可以降低 1~4 级曝光量，将 EV 往负数调节 1~4 级（通过液晶屏分析所拍摄的画面再进一步调节 EV 数值），这样画面亮部的层次丰富了，可能暗部较暗，好在 PS 软件里有一个"阴影 / 高光"的程序可将暗部提亮，亮部有层次的画面显得厚重一些。EV 的调节是曝光的关键。

3. 光圈与快门

光圈的大小与快门的速度相互配合形成了正确曝光的条件，光圈大速度快，光圈小速度慢。假如面对一个拍摄的对象，在 EV 值为 0 的条件下，2.8 的光圈快门为 1/50 秒，3.5 的光圈快门为 1/30 秒，6.3 的光圈快门为 1/10 秒，依此类推。

快门的速度对于照片的清晰度会有影响，人端着照相机时手会抖动，当快门一张一合的速度处在 1/100 秒时，手的抖动不受影响，当快门一张一合的速度处在 1/10 秒时，手的抖动会使画面模糊，尤其拍摄夜景，在光圈开到最大的情况下，快门的速度会使用到 1/2 秒甚至几秒、几十秒，这时得用三脚架才能拍摄清晰。

4. ISO——感光度

ISO——感光度和快门的速度相互关联。ISO 的数值最低为 100，最高为 6400。假如面对一个较暗的物体，正确的曝光为：ISO 值 100，光圈 2.8，快门为 1/2.5 秒，在没带三脚架的情况下，拍摄的照片会模糊。这时可在菜单里将 ISO 值调至 800，快门变为了 1/25 秒，光圈不变，仍属正确的曝光，1/25 秒的速度基本可以防止手的抖动了。如果将 ISO 值调至 6400，快门则变为了 1/80 秒，可以完全防止抖动。也许有人会说：那拍啥都用高 ISO 感光度，这会出现两个问题。①ISO 感光度越低，画面越纯净，ISO 感光度越高，画面的噪点越大。②在明亮的阳光下使用高 ISO 感光度会影响画面的层次。当然，在阳光下拍摄高速运动的物体或体育竞赛，可以使用较高的 ISO。

在没带三脚架的情况下拍摄夜景,不得不提高 ISO 感光度,只是画面的质量打了折扣。

5. HDR——多重曝光

大家在用手机拍照时会发现一个问题,当拍摄背景有天空的逆光场景时,画面的主题会很暗,这很令人不快。其实,现在的手机拍摄模式里有一个"HDR"的选项,打开这个选项后,可以一次拍摄两张照片,一张照片的曝光以天空为准,一张照片的曝光以较暗的物体为准,并且通过相机的内部处理,将两张不同曝光的照片合成为一张综合曝光的画面,既有较亮的天空,又有提亮了的物体。某些相机则保留了两张不同曝光的照片,需在计算机里进行合成,这要求手不能抖动,保持两张照片的构图一致,最好运用三脚架拍摄。

6. 拍摄模式

照相机有几种拍摄模式可选择如下。

(1)自动模式(图标为照相机的造型)。自动模式是根据标准的曝光值来拍摄各种光线下的对象,无论在何种光线下自动模式都会以正确的曝光进行拍摄,面对较暗的对象,相机会自动打开闪光灯或提高 ISO 感光度,缺憾是不能控制光圈的大小。

(2)P——程序自动模式。相机面对不同的明暗对象,光圈和快门会自动地相互产生调节变化。

(3)S——快门优先模式。人为地设定了一个快门速度后,面对不同的明暗对象,快门不变,光圈会自动作出相应的调整。

(4)A——光圈优先模式。人为地设定了一个光圈级别后,面对不同的明暗对象,光圈不变,快门会自动作出相应的调整。

(5)M——手动曝光模式。手动设置光圈和快门,设定后,面对不同的明暗对象时,光圈和快门不会产生变动。这种模式特别适合接片的多张拍摄,即一个宽广的景色分几次拍摄,然后在计算机里进行拼接,这种模式可以保持需拼接的几幅照片的明暗、色调一致,而其余的模式为了保证画面的正确曝光,往往对画面的明暗和色调作了自动调整,不利于照片的拼接。

无论用何种拍摄模式,其曝光的正确性都是以 EV 的数值所决定,因而掌握 EV 值的调节是正确曝光的关键。

当拍摄一幅平面作品时,为了让对象占满镜头,有些拍摄者往往让相机距对象很近,这样拍出来的画面容易产生枕形变形,即画面的四周向外呈弧形,正确的拍摄是距对象远一点,再将镜头拉近。另外,拍摄平面对象避免从一边来光,如对象和窗户形成了接近 90° 的角度,造成了拍摄的画面一边偏亮,一边偏暗,这在电脑里较难处理。

在室内拍摄一幅平面作品时,尽量用大光圈,注意保持相机与对象的垂直角度,避免拍摄出来的画面产生透视变形。

有关摄影的知识就谈到这里,望读者通过实践去熟练掌握。

第 9 章

图片赏析

TUPIAN SHANGXI

软件综合绘图范例如图 9.1.1 所示。

图 9.1.1

丝巾如图 9.1.2 所示。

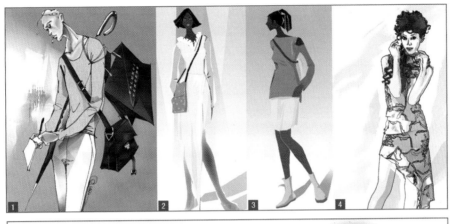

图 9.1.2

丝巾——计算机设计如图 9.1.3 所示。

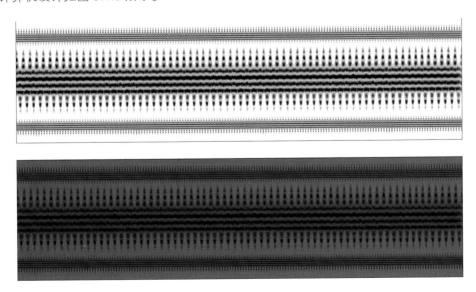

图 9.1.3

丝巾——手绘与计算机处理如图 9.1.4 所示。

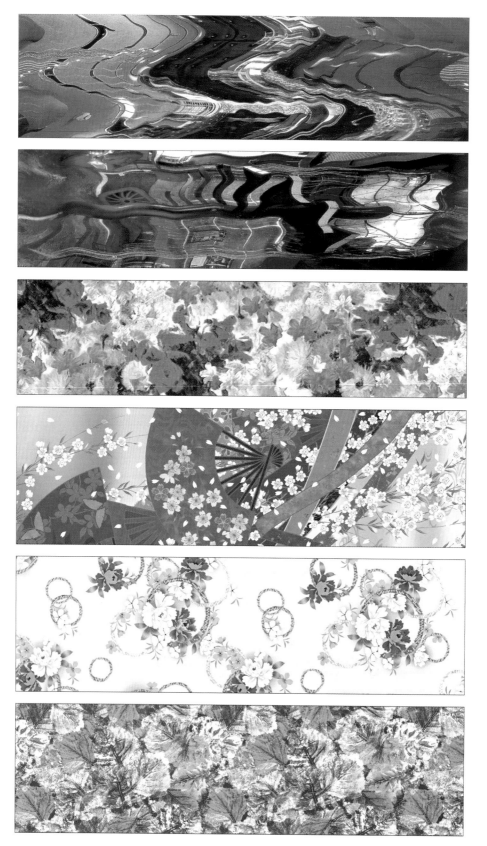

图 9.1.4

方巾——计算机绘制如图 9.1.5 所示。

方巾——计算机绘制与组合如图 9.1.6 所示。

图 9.1.5

图 9.1.6

方巾——手绘图形处理如图 9.1.7 所示。

小花面料——手绘元素与计算机排列组合如图 9.1.8 所示。

图 9.1.7

图 9.1.8

小花面料——手绘元素排列组合如图 9.1.9 所示。

图 9.1.9

一组四方连续创意图如图 9.1.10 所示。

图 9.1.10

矢量图形——佩兹利图形——线描如图 9.1.11 所示。

佩兹利图形——色彩如图 9.1.12 所示。

图 9.1.11

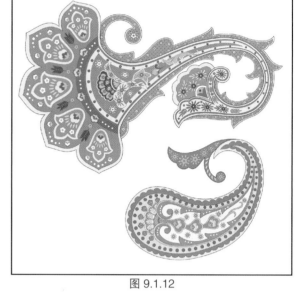
图 9.1.12

矢量图形——适合纹样如图 9.1.13 所示。

图 9.1.13

矢量图形——遥控器如图 9.1.14 所示。

矢量图形——老款手机如图 9.1.15 所示。

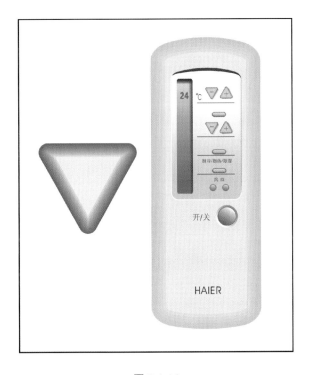

图 9.1.14

图 9.1.15

底纹制作过程如图 9.1.16 所示。

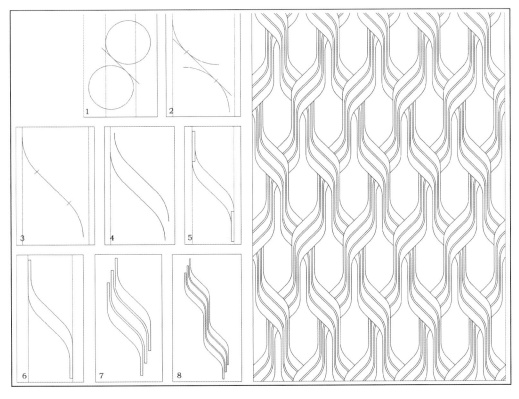

图 9.1.16

计算机绘图——V70 手机如图 9.1.17 所示。

计算机绘图——工业设计如图 9.1.18 所示。

图 9.1.17

图 9.1.18

计算机绘图——瓜果如图 9.1.19 所示。

计算机绘图——农舍如图 9.1.20 所示。

图 9.1.19

图 9.1.20

［1］全国信息与文献标准化技术委员会出版物格式分技术委员会.设计与印刷国家标准色谱［M］.沈阳：辽宁科学技术出版社，2009.

［2］赵茂生.中国艺术教育大系——装饰图案［M］.杭州：中国美术学院出版社，1999.

［3］林乐成,尼跃红.从洛桑到北京——第七届国际纤维艺术双年展［M］.北京：中国建筑工业出版社，2012.

［4］王立端.图案 4［M］.武汉：湖北美术出版社，1999.

［5］李和森.计算机辅助工业产品设计 Pro/E［M］.北京：中国铁道出版社，2013.

参考文献

JISUANJI TUXING BIAOXIAN SHEJI JICHU

致　谢

　　在本书的编写过程中，得到了湖北美术学院张昕教授的鼎力支持和热情帮助。他为本书的编写提出了一些关键的意见，使得本书能顺利地编写完成，在此致以深深的感谢。

　　感谢华中科技大学出版社及相关编辑为本书的出版所给予的热情帮助和支持。

　　同时感谢为本书的编写和出版无私提供照片的同人，在此一并表示感谢。

编　者

2017 年 6 月